초딩도 아는 함수

초딩도 아는 **함수**

초판 1쇄 인쇄일 2013년 10월 17일
초판 1쇄 발행일 2013년 10월 21일

지은이 장은성
펴낸이 양옥매
편집디자인 신해니

펴낸곳 도서출판 책과나무
출판등록 제2012-000376
주소 서울특별시 마포구 월드컵북로 44길 37 천지빌딩 3층
대표전화 02.372.1537 **팩스** 02.372.1538
이메일 booknamu2007@naver.com
홈페이지 www.booknamu.com

ISBN 978-89-98528-67-6(03410)

이 도서의 국립중앙도서관 출판시도서목록(CIP)은 서지정보유통지원 시스템 홈페이지
(http://seoji.nl.go.kr)와 국가자료공동목록시스템(http://www.nl.go.kr/kolisnet)에서
이용하실 수 있습니다.(CIP제어번호: CIP2013020581)

초딩도 아는 함수

장은성 지음

책과나무

수학에 자신감이 없는
학생들을 위한 수학 책

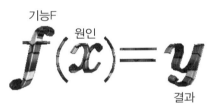

기능F

원인

$$f(x) = y$$

결과

이 책은 독자들의 열화와 같은 성원에 힘입어 다시
태어나게 되었습니다. 독자 여러분들에게 감사합니다.

수학을 사랑하라!!

수학을 무조건 사랑하라!!
나는 수학을 좋아한다고 자기 최면이라도 걸어라!!
그러면 어느새 수학을 잘하게 될 것이다.
우리는 수학을 잘해야만 하는 운명을
타고났다는 것을 명심하라
그러니 우리는 수학을 사랑할 수밖에 없다.

+ 머리말

　중학생이 되면 함수라는 것을 처음으로 배우게 된다. 하지만 대부분의 학생들은 이 함수라는 것이 도대체 무엇인지 잘 이해하지 못한다.

　그것은 학생들이 아둔하고 게을러서 그런 것이 결코 아니다. 나름대로 머리도 좋고 성실하게 공부하는 학생일지라도 함수는 쉽게 이해할 수가 없는 매우 추상적인 개념이다.

함수 괴물을 앞세워 수학 포기자를 양산하는 교육당국

　그런데 그런 함수를 설명하고 있는 수학 교과서는 매우 불친절하게 함수를 지극히 간단히 설명할 뿐이다. 둘째로 그것을 자세히 풀어서 설명해 주어야할 수학선생님들이 전혀 연구하지 않는다.

　그저 수학 책 내용을 그대로 읽어주는 수준이다. 강남의 유명 수학 강사란 분들의 설명도 하나의 함수의 예를 칠판에 그려주면서 이것을 함수라고 부른다는 귀납적 설명에 만족하고 있다.

왜 그런 것을 함수라고 불러야만 하는지 학생들의 궁금증만 더 커질 뿐이다. 그런 것이 무슨 의미가 있는지 알 수도 없다.

우리는 그렇게 함수라는 괴물을 앞세워서 수학포기자라는 슬픈 이름을 가진 학생들을 양산해 내고 있다. 그러면서도 아무런 반성을 하지 않고 아무도 책임지지 않는다. 이것이 오늘날 우리 수학교육의 암담한 현실이다.

그래서 부족한 재주로 우리 학생들에게 함수라는 것을 조금이라도 쉽게 이해할 수 있게 해주고 싶어서 2004년 5월 '니들이 함수를 알아'라는 책을 펴내었다.

하지만 이런 저런 사정으로 여의치 않아 책은 절판되었고, 시간이 흘러 다른 책들을 펴내었다. 그런데 독자들이 이 책을 찾는 문의가 적지 않게 있어서 다시 크게 수정하여 펴내게 된 것이 이번 책이다.

이번에는 좀더 본격적으로 학생들에게 함수를 쉽게 접근할 수 있게 더 많은 노력을 해보았다. 아무리 어려운 것이라도 쉬운 언어로 풀어서 설명해 준다면 비록 초등학생일지라도 함수를 얼마든지 이해할 수 있다고 믿는다.

함수라는 괴물만 잡아도 우리 학생들의 수학실력은 크게 향상될 것이고 수학에 대한 자신감도 생길 것이다.

사실 함수는 우리 중고등학교에서 배우는 수학의 핵심적인 개념이다.

우리 중고등학교 교육의 목표는 산업사회의 공장에서 일할 근로자를 양산하는 것이 목표였기 때문이다. 그래서 함수를 가르치고 그 함수를 미분 적분할 수 있는 능력을 갖추도록 하고자 하는 것이었다.

공장에서 만들어내는 대부분의 제품을 설계하고 제작하는데 미분적분의 수학적 계산능력이 꼭 필요하기 때문이다. 그렇게 우리의 수학교육의 목표는 짧은 근대화 과정에서 산업의 역군들을 양산해내려고 조급하게 설정된 것이었다.

그래서 수학을 무척이나 불친절하게 가르치게 된 것이다. 수학이 인격도야의 인문학의 입장에서 소개되었다면 좀더 인간적이고 친절했을지도 모른다. 우리는 이제 산업의 역군이 아니라 민주시민으로서 자유로운 정신을 가진 인격도야를 위해 수학을 배워야 한다.

아무쪼록 우리 학생들이 함수를 쉽게 이해할 수 있다면 좋겠다. 그래서 수학을 포기하는 학생이 한사람이라도 생기지 않는다면 큰 보람으로 삼겠다.

2013년 3월 5일 동두천 지행동 장은성

+목 차

서장

변화를
읽어내는 눈

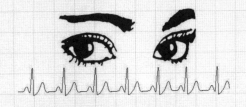

: 점성술

고대로부터 앞날을 내다보는 일은 중요했다. 그래서 밤하늘의 별자리를 바라보며 앞일을 점치는 점성술사나 예언가들이 왕을 보좌하고 있었다.

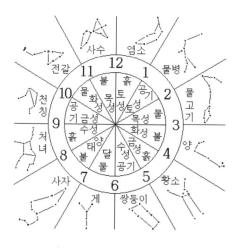

〈 12개의 별자리와 점성술 〉

태양이 지나가는 황도 12개의 별자리에 해당하는 달에 아이가 태어나면, 그에 해당하는 4원소(물, 불, 흙, 공기)의 특징으로부터 그 아이의 성격과 운명을 예견해 보는 것이 점성술이다.

예를 들어 공기의 별자리인 물병(1월-2월), 쌍둥이(5월-6월), 천칭(9월-10월)자리에 태어난 사람은 이성적이고, 정보를 중시하는 남성적이고 적극적인 성격이라고 해석하는 따위이다.

이렇게 개인의 성격과 운명만이 아니고, 더 크게는 국가적인 길흉을 점치고, 미리 전쟁이 일어날 것인지, 천재지변이 일어날 것인지, 점성술을 통해 나라의 앞날을 예측하고 그 대비책을 세우곤 했다.

이는 비단 나라의 일만은 아니다. 하찮은 미생물이라도 앞날을 내다보아야 살아남고 번성할 수 있다. 변화에 대비하지 못한 생명체들은 모두 사멸되었다. 30억년 전부터 지구상에 생겨난 생명체의 99.9%가 멸종되었다고 한다.

벤처기업들도 마찬가지로 창업한지 1년도 못 넘기고 99%가 망한다고 한다. 이는 사업가만의 일이 아니다. 보통의 중산층이나 서민들도 세상의 변화를 관찰하며, 앞날을 내다보고 그에 대비할 수 있어야 한다.

2012년 말 갑자기 부동산 거품이 꺼지면서 대한민국은 깡통아파트가 34만 가구에 이르렀다. 깡통아파트란 아파트 가격보다 담보로 받은 은행 빚이 더 많은 아파트를 말한다.

몇 년 전만 해도 아파트 값은 하루가 멀다하고 계속 올라갔다. 사람들은 모두들 너도나도 은행 빚이라도 내면서 아파트를 사재기했다.

아파트값 상승세가 은행이자를 감당하고도 남았기 때문이다. 그렇게 모두들 10억짜리 아파트를 갖고 사는 부자가 되는 꿈을 꾸었다. 하지만 얼마 지나지 않아 부동산 거품이 터졌다.

2008년 12억원짜리 아파트가 2011년 12월에 고작 6억500만원에 팔렸다. 아파트 값이 반토막이 난 것이다. 아파트 값의 변화 추이를 예측하지 못한 사람들은 이렇게 3년도 못되어 6억원을 손해 본 것이다.

대부분의 사람들이 은행 빚을 내어 이미 값이 오를 대로 오른 아파트를 샀기 때문에 반토막 난 아파트 값은 그대로 빚이 되어버렸다. 이 빚과 점점 불어나는 이자는 도미노처럼 더 가난한 사람들까지 쓰러뜨렸다. 불어나는 이자에 은행 빚을 갚지 못한 아파트들이 경매로 넘어갔다.

그런 아파트에 전세살이를 하던 사람들도 이미 빚쟁이가 되어버린 집주인에게 전세금도 돌려받지 못하고 길거리로 쫓겨나야 할 지경이 된 것이다.

그렇게 엄청난 가계부채로 대한민국 경제는 불황의 늪에 빠지게 된다. 몇 년을 내다보지 못하고 성급하게 은행 빚까지 내가며 아파트를 사재기한 사람들을 무조건 어리석다고만 탓할 수가 없다.

인간의 욕심과 지금이 아니면 큰돈을 벌 기회는 그렇게 많지 않다는 주변의 분위기는 아무리 머리 좋은 사람이라도 부동산 투기열기에 가세하도록 만들기 때문이다. 부동산 거품이 언제 터질지는 그 누구도 알지 못한다. 그래서 변화를 읽어내는 눈은 중요한 것이다.

왜 함수를 배워야 하나요?

: 미신에서 과학으로

인간세계의 행복과 불행을 하늘의 별자리로 설명하고자 하던 점성술은 미신에 불과하다. 하늘의 별자리가 변하는 것과 인간의 삶은 아무런 관련도 없기 때문이다.

지구에 사는 생명체들은 분명 태양과 달의 지배를 절대적으로 강력하게 받고 있다. 그래서 하늘의 별자리들도 인간의 운명을 지배한다고 생각했을 것이다. 하지만 오늘날 과학은 별자리와 인간의 운명은 아무런 상관이 없다고 말한다.

점성술 같은 미신으로는 정확히 앞날을 예견하는 것은 불가능하다. 어쩌다 예측이 맞을 수도 있지만 그건 그냥 우연일 뿐이다. 확실하게 미래를 예측하려면 필연적인 관계가 있는 확실한 근거를 바탕으로 해야한다.

그래서 과학이나 수학이 탄생했다. 과학과 수학은 어떤 현상을 설명하고 미래를 정확히 예측하기 위해서 먼저 확실한 근거를 찾아내고 그것으로부터 필연적인 인과관계를 확인하여 미래의 일을 정확히 예측한다.

미래를 예측하는 수학으로 변화의 수학인 함수를 첫 번째로 들 수 있다. 우리가 미래를 정확히 예측하고자 한다면 변화를 분석하는 기본 개념인 함수라는 수학을 활용하는 것이 좋다.

예를 들어 원시시대에 멧돼지 등의 동물을 사냥하는 경우를 생각해 보자. 가만히 서있는 멧돼지를 창이나 화살로 맞추는 것은 비교적 쉬울 것이다.

하지만 멧돼지가 빠른 속도로 도망치고 있다면 창이나 화살로 맞추기는 매우 어렵다. 이때 멧돼지의 속도를 알 수 있다면 창이나 화살이 날아가는 속도를 감안해서 어느 방향으로 창이나 화살을 쏘면 멧돼지를 맞출 수 있는지 알 수 있다.

전투기와 폭격기가 등장했던 제2차 세계대전 때도 하늘의 비행기를 향해 쏘는 대공포는 비행기의 속도를 고려해 비행기 앞쪽으로 포를 쏜다. 이렇게 변화를 예측할 수 있어야 멧돼지도 잡고 비행기도 잡을 수 있다.

〈 멧돼지 사냥에도 변화를 읽는 눈이 필요하다 〉

오늘날에는 주식 값의 변동이나 아파트 값의 변동 등 물가의 변동에 맞추어 경제적 판단을 신중하게 내릴 수 있어야한다. 변화를 읽는 수학의 눈은 원시시대나 오늘날에나 모두 필요한 것이다. 이것이 우리가 함수를 배워야 하는 이유다.

함수를 모르면서 급변하는 현대사회를 살아간다는 것은 불빛도 없이 어둡고 위험한 밤길을 걸어가겠다는 것만큼이나 어리석은 일이다.

: 함수로 변화를 분석한다

　수학을 잘 못하는 학생들 대부분은 수학에 대한 자신감이 없다. 그래서 수학을 두려워한다. 수학 책을 보면 짜증부터 난다. 무엇을 손대야 할지 알 수가 없다.

　그런 학생들은 모처럼 수학 책을 펴고 앉아서 수학공부를 좀 해보려고 하다가 다시 포기하고 만다. 그러기를 반복하다가 학창시절을 허송하고 마는 것이다.

　필자도 바로 학생 때 그랬었다. 수학 문제집의 문제는 단 한문제도 풀 수가 없었다. 수학성적은 30점을 맴돌았다. 칠판 가득 수학문제를 풀고 계시는 선생님의 설명은 하나도 알아들을 수가 없었다.

　수학시간은 고통의 시간일 뿐이었다. 알지도 못하는 것을 집중해서 보고 들으면서 노트를 해야하는 것은 답답함과 혼란 그리고 허무감이 밀려오는 정말 죽을 것만 같은 고문이고 고통에 지나지 않는다.

　우리학생들이 갖고 있는 이 수학에 대한 공포증은 학생들에게 그 책임이 있는 것일까? 나는 아니라고 단언할 수 있다. 학생들의 문제가 아니라 바로 선생들에게 문제가 있었던 것이다.

　누구라도 쉽게 의미를 알 수 없는 추상적인 개념을 처음부터 바로 이해할 수는 없다. 게다가 단지 수학기호만을 막무가내로 들이밀면서 이해하라고 한다면 쉽게 받아들일 수가 없을 것이다. 그것은 아무리 천재라 해도 마찬가지다.

　수학은 매우 딱딱하고 추상적인 개념들이 얽히고 섥힌 세계이다. 그 손에 잡히지 않는 추상적인 개념들은 보이지 않는 귀신을 상대하는 것보다 어렵고 무서운 것일 수도 있다.

나는 어떻게든 그 고통에서 벗어나고 싶었다. 수학을 잘하는 친구들처럼 수학문제를 척척 풀어내고 만족하여 해맑고 행복하게 웃고 싶었다. 그래서 다시 초등학교 수학 책도 찾아보았다.

수가 무엇인지, 분수가 무엇인지 더 곰곰이 생각해 보기도 했다. 덧셈, 뺄셈이 무엇인지 그 본질적인 의미를 고민했다. 점이 무엇인지, 선이 무엇인지도 더 깊이 고민 해보았다.

하지만 함수가 무엇인지는 정말 알기 어려웠다. 왜 그런 것을 함수라고 부르는 것일까? 수학은 추상적인 개념들을 주로 다루는데 추상적인 개념을 처음 접하는 사람들은 그게 무엇인지 쉽게 파악할 수가 없다.

함수는 그런 추상적인 개념들 중에서도 상당히 어려운 개념의 하나이다. 사람들이란 구체적인 것을 더 잘 이해하고 쉽게 받아들일 수 있다.

〈 변화 = 함수 〉

그래서 함수라는 추상개념을 소개할 때도 변화와 같은 보다 친근하고 구체적인 개념으로부터 도입해가면서 설명하는 것이 더 거부감을 주지 않을 것이다.

변화를 이해하고 예측하고자 했던 수학자들이 변화의 본질을 찾아내어 수학적으로 표현한 것이 바로 함수이다. 즉 함수는 변화를 표현하는 수학의 개념이요 언어이다.

함수가 변화를 수학적으로 표현한 것이라고 설명해 준다면 초등학생들이라 할지라도 함수를 쉽게 이해할 수 있고, 잘 활용할 수도 있을 것이다.

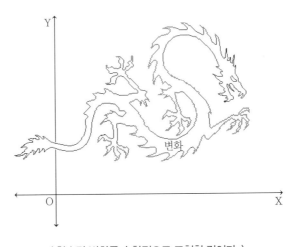

〈 함수란 변화를 수학적으로 표현한 것이다. 〉

변화의 수학이라고 말할 수 있는 함수!! 이 함수라는 것을 본격적으로 자세히 알아보기로 하자. 하지만 그 전에 먼저 변화의 주체인 존재부터 다시 한번 되새겨보는 것도 필요하다.

변화의 수학이 탄생하기 전에 이미 고대 그리스에서 존재의 수학이 탄생했기 때문이다. 존재를 표현하는 수학!! 그리고 변화를 표현하는 수학으로서 함수, 이렇게 구분한다면 함수를 더 잘 이해할 수 있기 때문이다.

1장

존재의 수학

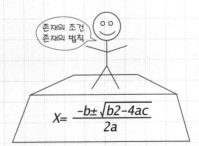

: 존재론

우리가 초등학생 때 배우는 수학은 대부분 수와 도형에 대한 것들이다. 수와 도형은 어떤 존재를 표현하기 위한 것이다. 즉 어떤 존재가 얼마나 많은지 우리는 자연수나 분수 등을 통해서 나타낼 수 있다.

그리고 그런 존재가 어떤 상태인지 어떤 모양인지 도형으로 표현할 수 있다. 이렇게 초등학생 때 배우는 수학의 내용들은 우리 눈앞에 존재하는 것들을 수학적으로 표현하는 내용이 주된 것이었다.

〈 자연수는 존재의 수 〉

조각상이나 그림 등의 예술작품을 보더라도 처음에는 가만히 서있거나 앉아 있는 존재적인 모습들을 주로 표현하고 있다.

하지만 세월이 흘러 예술가들의 표현력도 좋아지면서 보다 역동적으로 움직이려는 순간이라든가 섬세한 표정 등을 표현하게 된다.

〈 경직된 부동 자세에서 약간 움직이려는 자세로의 변화 〉

그리스 고전기인 BC700-500년 시대의 직립 부동의 청년 조각상에서 보듯이, 조각품도 존재 그 자체의 표현을 우선시 하고 있다. 하지만 시간이 흘러 BC500-400년이 되면, 경직된 모습의 조각상에서 살짝 움직이려는 모습으로 바뀐다.

체중의 대부분을 한쪽 발에 싣고 다른 다리는 무릎을 약간 구부리고 서있는 좀더 자연스런 콘트라포스토(contrapposto)상이 만들어진 것이다.

더욱 시간이 흘러 BC300-100년 헬레니즘기에는 격렬한 움직임과 긴장감, 고통에 찬 표정 등이 잘 표현된 유명한 라오콘(Laokoon)상 등이 제작되었다.

〈 마치 금방 살아 움직일 것만 같은 라오콘상 〉

이렇게 예술의 역사에서도 먼저 존재가 표현되고, 그 다음에 그 존재의 운동과 표정 등을 표현하는 작품이 등장하고 있는 것을 볼 수 있다.

이는 수학에서도 마찬가지다. 고대의 수학은 초등학생들이 배우던 수학의 내용으로 대부분이 수와 도형이라는 존재의 수학이라고 말할 수 있다.

서양 철학사에서도 처음에는 존재의 근본이 무엇이냐를 캐묻는 존재론이 활발하게 토론되었다. 이렇게 사람은 철학이든 수학이든 예술이든 분야를 가리지 않고, 먼저 존재에 대해 생각하고 표현하고 있었던 것이다.

그런 다음에야 비로소 그 존재의 변화에 주목할 수 있는 것이다. 즉 존재의 수학을 다 배우고 나면 다음에는 변화의 수학이 등장하게 되는 것이다.

학생들은 이제까지 존재를 전제로 한 수학만을 배워 오다가 갑자기 변화를 표현하는 새로운 수학을 배울 때, 뭔가 이제까지와는 다르다는 것을 느낄 것이다.

그렇게 우리는 수학을 배울 때 갑작스런 단절을 맛보게 된다. 그 단절감이 수학을 공부하는 어려움으로 밀려온다. 때문에 수학의 내용이 크게 달라질 때는 그 역사적 사상적 배경도 설명해 줄 필요가 있다.

: 수학의 심리학

수학공부를 등산에 비유해 본다면, 산을 오를 때 산이 완만하게 점점 높아지면 힘이 들더라도 어떻게든 올라갈 수 있다. 수학이 한 단계 한 단계 조금씩 어려워진다면 누구라도 수학공부를 꾸준히 잘해 나갈 수 있을 것이다.

하지만 산길이 갑자기 낭떠러지 절벽으로 뚝 끊어지거나 깎아 세운 듯한 암벽이 앞을 가로막는다면 산을 계속 올라가는 것은 거의 불가능하게 된다. 이와 마찬가지로 수학공부도 갑자기 너무 어렵고 어이없는 개념이 가로막아 선다면 학생들 대부분은 수학공부를 포기하기에 이른다. 중학생 때 처음 배우는 함수가 수학에서 그런 절벽에 해당한다.

이 막다른 지점에 와서는 단지 열심히 공부한다고 해결되는 문제가 아니다. 이 단계에 와서는 자기 자신을 부정하고 새롭게 태어나야하는 환골탈태라는 극한의 고통을 통과해야하는 것이다.

수학 선생님들이 수학을 가르칠 때의 불친절함은 바로 이 지점에서

명확하게 드러나게 된다. 학생들이 새로운 개념을 받아들이는데 따르는 고통을 수학선생님들은 잘 이해하지 못한다.

학생들은 이제까지 자신이 알고 있었던 기존의 수학 지식을 모두 부정해야만 하는 심리적 갈등을 겪고 있는데도 선생님들은 잔인하게도 새로운 개념을 무조건 주입하려고 강요하기 때문이다.

수학선생님은 이미 자신은 잘 알고 있기 때문에 학생들도 쉽게 이해할 수 있을 것이라고 착각한다. 혹은 잘 이해하지 못하더라도 열심히 문제를 풀어보다 보면 자연스럽게 알게 될 것이라고 순진하게 믿고 있다.

하지만 이런 믿음은 매우 잘못된 착각이다. 아무리 천재라도 자기 자신을 파괴하고 새롭게 부활해야하는 고통은 결코 쉽지 않은 일이다.

이 고통을 헤르만 헤세는 데미안이란 작품에 잘 묘사하고 있다. 새는 알을 깨고 나온다. 알은 새의 세계이다. 태어나려는 자는 한 세계를 파괴해야만 한다. 새는 신에게로 날아간다. 그 신의 이름은 아브락

사스이다.

세상살이를 하다보면 자기 뜻대로 되지 않고, 고뇌와 번민은 누구에게나 생기게 마련이다. 하지만, 그것을 피하고 타협하며 현실에 안주하려는 것이 보통이다.

그것은 영원히 알에 갇힌 가여운 새의 운명이 되는 것과 마찬가지다. 우리는 자신의 완성된 세계를 무너뜨려야 하는 시기에 용기 있게 그것을 무너뜨릴 줄 알아야 한다.

알을 깨트리고 나와야만 새가 날개를 펴고 창공으로 날아오를 수 있는 것처럼, 우리도 성장과 더불어 새로운 세계로 나아갈 수 있다.

수와 도형 등 존재의 수학만을 배워 왔던 초등학생은 존재의 수학이 수학의 전부라고 생각하고 있다. 존재만을 잘 표현하면 된다고 생각하는 예술가들은 변화를 표현하고자하는 후배 예술가들의 작품이 못마땅할 수도 있다.

그래서 변화를 설명하고자 하는 새로운 함수라는 수학을 중학생이 되어 배울 때 당혹스럽다. 이제까지 자신이 알고 있었던 존재의 수학을 부정해야하기 때문이다.

집합론을 창시한 독일의 수학자 칸토르는 수학의 본질은 자유에 있다고 설파했다. 자기 자신의 고정관념으로부터도 자유로울 수 있어야 진정 자유롭다고 말할 수 있다. 수학이 어려운 것은 결국 자기 자신과의 싸움이기 때문이다.

우리는 수학교육에 있어서 수학이란 학문의 이러한 특성을 이해하고 학생들에게 심리적 부담감을 덜어주는 더 좋은 교수법을 연구하고 개발하는데 적지 않은 노력을 기울여야 하는 것이다.

기존의 수학적 지식들을 낡은 것으로 포기하고 새로운 것을 받아들여 더 풍요롭고 새로운 수학적 세계를 창조하는 일을 기쁨으로 받아들일 수 있게 해야 할 것이다.

: 파괴에서 창조로

수학은 다른 과목과 달리 간혹 파괴와 창조를 동반하는 심리적 격변을 혹독하게 겪으며 나아가는 학문이다. 이런 수학의 불연속성과 부조리함 때문에 수학을 싫어하는 학생들이 적지 않게 생겨난다.

수학공부를 하다가 이제까지 공부한 것과는 전혀 다른 새로운 것을 배우게 될 때, 우리는 기존의 상식이 와그르르 무너지는 고통을 겪을 수밖에 없다.

새로운 수가 도입되면 그로 인해 이제까지 잘 간직해오던 완성된 수의 개념을 버리거나 무너뜨려야만 한다. 이런 심리적 저항과 고통 때문에 학생들은 대부분 새로운 수를 받아들이는데 적지 않은 거부감을 맛보게 된다.

이 고통의 상처는 쉽게 아물지 못하고 무의식 속에 깊이 각인되기 시작하면서 수학이 무서워지고 점점 싫어지는 학문으로 변하게 된다.

이 고통의 상처를 치유할 수 있을 때에 비로서 수학의 기쁨을 맛보게 되고 수학을 깊이 사랑하게 될 것이다. 수학에서 기존의 지식을 파괴하고 새로운 개념으로 확장해 나아갈 변화의 필요성을 충분히 이해시켜줄 필요가 있는 것이다.

자연수는 말 그대로 처음으로 접하는 자연스런 수이다. 수란 존재를 양적으로 표현한 것에서부터 시작되었다. 예를 들어 양을 키우는 양치기는 자신이 가지고 있는 양의 마리 수를 정확히 알고 있을 필요가 있다.

그래야 새로 양의 새끼가 태어났는지도 쉽게 알 수 있고, 밤사이에 늑대가 몰래 양을 물어갔는지도 알 수 있기 때문이다. 그렇게 자연수는 사물의 양을 정확히 표현하기 위해 자연스럽게 등장했다.

아직 숫자를 갖지 못한 원시인들은 사물의 양을 나타내기 위해서 그 사물의 개수와 똑같은 개수의 조약돌 같은 것을 이용하여 수를 대신 나타내었다.

하지만 돌멩이는 사물일 뿐이고 수라는 개념은 아니다. 그래서 돌멩이를 보는 사람에 따라서는 다양한 여러 느낌을 가질 수 있게 된다. 그런 불필요한 오해를 방지하기 위한 수를 표현할 보다 분명한 것이 필요하다.

또한 돌멩이를 이용해서 수를 나타내는 방법은 항상 돌멩이를 가지고 다녀야 한다는 번거로움도 있다. 그래서 사람들은 수량의 이름인 수사 즉 하나, 둘, 셋 하고 말로서 물건의 수량을 세는 방법을 발명해 냈다.

수사만 외우고 있으면 이제 귀찮게 돌멩이 따위를 가지고 다닐 필요가 없다. 뿐만 아니라 분명하고 정확하게 수를 표현할 수 있게되었다.

그리고 이 수사를 문자로도 나타내어 오래 기록해 둘 필요가 생겼다. 그렇게 숫자가 발명된다. 숫자가 기록됨으로서 무언가를 비교 검토할 수 있고, 미래를 예견할 수도 있게 된다.

영국의 린드(Alexander Henry Rhind, 1833-1863)가 발견한 린드 파피루스를 보면, 고대 이집트인들은 다음과 같은 그림문자를 숫자로 사용하였다. 이집트의 숫자는 먼저 막대의 개수로 다음과 같이 나타낸다.

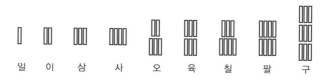

다음에 10진법으로 10은 고리 손잡이, 100은 감긴 밧줄, 1000은 연꽃, 10000은 검지 손가락, 100000은 올챙이나 개구리, 1000000은 필경사(무한의 신), 10000000은 지평선 위로 떠오르는 태양 등으로 나타낸다.

하지만 이렇게 힘들게 만든 숫자나 자연수의 개념으로 형성된 수의 개념은 더 편리한 아라비아 숫자의 개발이나 분수, 무리수 등 새로운 수의 발견으로 자연수가 곧 수라는 수의 개념을 포기해야하는 상황에 직면한다.

그렇게 기록과 계산에 불편한 이집트 숫자는 버려지고 고대의 유산이 된다. 수학은 이렇게 기존의 개념들을 파괴하면서 새로운 창조가 이루어지는 그야말로 역동적인 학문이라고 말할 수 있다.

그래서 기존의 수학을 지키려는 보수적인 수학자들과 새로운 수학을 도입하려는 진보적인 수학자들간의 질시와 경쟁은 수학의 역사에서 종종 볼 수 있게 된다.

이는 수학을 배우는 학생들 개개인에게서도 반복된다. 초등학생 때 배운 것들은 중학생이 되면서 배우는 새로운 수학과 충돌하게 된다.

그런 갈등을 학생들 스스로 조정하지 못해 수학이란 학문이 혼란스럽고 싫어지는 것이다. 때문에 수학선생님들은 학생들이 겪는 이런 혼란을 최소화 할 수 있도록 배려하고 도와주어야 할 것이다.

: 수학의 문화학

우리는 수학이 인간 사회나 역사 문화와 상관없는 절대 진리를 추구하는 학문이라고 생각한다. 하지만 수학은 사실 인간사회의 문화와 밀접하게 관련 되어있다.

절대 진리를 표현하는 수학공식이라도 그것을 어떻게 바라보고 어

떤 곳에 이용하는지는 민족마다 문화마다 다르다. 이렇게 수학의 민족성이나 사회성을 지적한 사람은 독일의 철학자 슈펭글러(Oswald Spengler, 1880-1936)이다.

슈펭글러는 각기 민족마다 독특한 수학을 가지고 있다는 점을 지적하고 있다. 서양은 주로 기하학을 중요시 한 반면, 동양은 대수학을 중시했다.

음수를 처음 발명한 사람들은 음양의 사상을 가진 중국인들이며, 0이란 수를 처음 발명한 사람은 우주는 본래 텅 비어 있다는 공(空)의 사상을 가진 인도인들이다.

보통 사람들은 아무 것도 없는 것은 무시하기 마련이고, 이름을 지어준다

〈 0이란 수는 공(空)의 사상을 가진 인도에서 발명된다.〉

는 것은 생각할 수도 없다. 하지만 우주의 본질이 공(空)이라고 생각한 인도 인들은 없는 것에도 적극적으로 이름을 붙여줄 수 있었던 것이다.

이처럼 수학은 인간의 세계관을 형성하는 핵심적인 학문이기 때문에 그 민족의 역사와 문화의 영향을 강하게 받게 된다. 같은 동양권이라도 중국의 수학, 조선의 수학, 일본의 수학도 그 성격이 전혀 달랐다.

과거 중국, 조선, 일본 3국은 동양의 수학을 주도한 나라들이었다. 먼저 중국에서 수학이 창시되어 그것이 그대로 조선에 전수된다. 그리고 다시 바다 건너 일본에까지 전해진다.

중국 수학의 특징은 실용성이다. 즉 필요하면 수학을 만들고 필요 없어지면 잊혀진다. 그래서 처음 중국에서 만들어진 수학책들이 나중에는 상당수가 분실 소실되어버린다.

반면 조선은 무조건 중국사대로 중국 수학책을 수입하고 철저히 보관하는 주의다. 조선은 과거시험을 보기 위해 중국 수학책을 무조건 암기해야 한다.

그래서 오랫동안 중국의 수학책들이 잘 보관 전수되어 왔다. 나중에 중국의 수학자들이 조선에서 자기 조상님들의 훌륭한 수학책들을 찾아내고 감탄할 지경이다.

다음으로 일본은 조선이나 중국 등에서 들어온 수학책으로 공부를 하는데, 이 수학으로 과거시험 보는 것도 아니고, 그렇다고 중국처럼 실용적 가치를 크게 찾을 수도 없었다.

그래서 일본에서 수학은 단순한 오락의 용도 이외는 없었다. 머리 좋고 할 일 없는 유유자적한 사무라이들이 시간 때우기 용으로 수학문제 풀이 시합을 하는 지경이 일본 수학의 성격이다. 그걸 와산(和算)이라고 부른다. 즉 일본 수학은 완전히 퍼즐화 되어버린다.

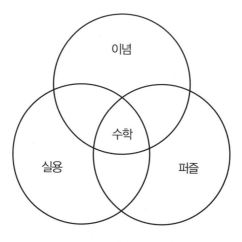

〈 수학을 바라보는 3가지 입장 〉

이런 수학문화가 오늘날 일본의 수학공부의 성격을 특징하고 있다. 그래서 일본 수학은 문제풀이 중심이다. 그래서 교과서에도 많은 문제를 싣는다.

그런데 지금 우리는 해방 후에도 일본의 수학을 그대로 베껴서 우리 학생들에게 가르치고 있다. 심지어 유명한 정석 등의 수학 참고서까지도 일본의 것을 그대로 베껴왔다.

수학으로 우리는 학생들에게 일본의 문화와 민족성을 강요하고 있는 셈이다. 일본인들은 무조건 마구 암기하고 열심히 문제풀이를 강요하는 것에도 잘 따르는 독특한 민족성을 가지고 있다.

하지만 한국의 학생들은 그런 무자비한 주입식 교육법이 잘 통하지 않는다. 한국의 학생들은 매우 머리가 좋고 더 적극적이고 활발하며 나서서 뽐내기를 좋아한다.

따라서 한국인의 그런 적극적인 정서나 경향에 맞게 지금의 수학교 과서나 학습법을 대폭 수정해야만 한다. 각기 사회의 문화나 개인의 개성을 존중하는 교육이 필요한 것이다.

그러면서도 그렇게 다른 문화를 인정하고 보다 객관적인 진리를 향해 나아갈 수 있도록 서로 협력하는 방법도 찾아야 한다. 그것이 수학이란 학문의 커다란 장점이자 특징이다. 수학은 그렇게 파괴와 창조를 반복하며 서로 협력해야하는 매우 역동적이고 소통이 중요한 하나의 문화인 것이다.

0이란 수를 배울 때

유아들에게 처음 수를 가르칠 때는 1부터 가르친다. 0부터 가르치는 사람은 아무도 없다. 유아들도 무언가 존재하는 것에는 잘 주목하지만 아무 것도 없는 것은 무시하기 마련이다.

그렇게 해서 1부터 9까지의 숫자를 모두 익히고 나면 이제 0이라는 새로운 수를 배우게 된다. 0이란 수는 이제까지의 수와는 성격이 전혀 다른 수이다.

이제까지는 하나가 있다! 그럼 그것을 1이라고 쓴다. 두 개가 있다! 그럼 2라고 쓰자. 세 개가 있다! 그럼 3, …이라고 말하다가 갑자기 아무 것도 없다!라고 정반대의 상태가 되기 때문이다.

필자의 어릴적 기억이지만 학교 선생님이 칠판에 0이란 숫자를 쓰면서 아무 것도 없는 것을 나타내는 숫자라고 설명해 주었을 때의 충격은 적지 않은 마음의 혼란을 초래했고, 오래도록 0을 수로 받아들이지 못했다. 그래서 10이란 수도 정확히 이해하지 못했다.

왜 아무 것도 없는 것을 굳이 억지로 숫자로 나타내려는 것일까? 아무 것도 없는 것을 어떻게 표현한다는 말인가? 이 논리적 모순을 어린 마음에 받아들일 수 없어서 0을 매우 싫어하는 감정이 가시처럼 박히게 된다.

존재를 부정하고 없는 것도 마치 있는 것처럼 생각해야하는 새로운 사고방식(인도 불교의 공의 사상)을 터득하지 않으면, 0이란 수는 걸코 가슴으로 받아들여지지 않는 상태로 남게 된다.

시간이 지나면서 선생님의 설명대로 0은 아무 것도 없는 수로서 그럭저럭 받아들이게 되지만 사실 0을 완전히 납득하고 넘어가는 초등학생은 그렇게 많지 않다.

0에는 단순히 아무 것도 없다는 의미만이 아니고 빈자리라는 자리수를 나타내는 기능도 있고, 양수와 음수의 기준점이라는 새로운 의미도 첨가되기 때문이다.

우리가 사과가 한 개있다고 말할 때는 그 사과가 존재하는 공간(접시)을 이미 전제로 하고 있는 것이다. 이 전제를 의식하고 분명히 표현할 수 있었다면 0은 더 자연스럽게 받아들일 수 있게 될 것이다.

하지만 우리 주변에서 이런 친절을 베풀어주시는 훌륭한 선생님을 찾아보는 것은 쉽지 않은 일이다. 왜냐면 대부분의 선생님들도 불친절하게 0이란 수를 억지로 주입 받았기 때문이다.

분수를 배울 때

고학년이 되어 분수를 배우게 되면 그때까지 수학을 잘하던 아이들이 갑자기 수학을 싫어하고 어려워하는 모습을 보이기 시작한다. 분수는 분모, 분자라는 두 개의 수로 나타낸 새로운 수이다.

그래서 분수를 수로서 받아들이기 어렵다. 이제까지 수라는 것은 한 개의 숫자로 표현했는데, 분수는 두 개의 수로 표현한다. 이는 누가 보아도 수식처럼 보이지 하나의 수로 보이지는 않기 때문이다.

게다가 분수의 용도를 쉽게 느끼지 못한다. 하나, 둘하고 분리량을 셈하는 일은 많이 해보게 되지만, 연속량을 측정하고 표현하는 일은 그렇게 쉽게 많이 해볼 수 없기 때문이다.

분수가 비록 두 개의 숫자를 사용하지만 하나의 연속량을 표현하는 수라는 것을 납득하게 되면, 분수도 양을 나타내는 이름으로서 수의 세계로 자연스럽게 받아들이게 된다.

분리량만 나타내던 자연수가 곧 수의 모든 것이라는 수의 개념이 무너지고 분리량을 포함해서 연속량까지 나타내는 확장된 수의 개념이 새롭게 창조되는 것이다.

이런 수의 개념에 대한 파괴와 창조의 과정은 음수를 배울 때, 무리수를 배울 때, 허수를 배울 때까지 계속 반복되는 것이다. 하지만 우리들 대부분은 그런 파괴와 창조의 심리적 과정이 순탄하게 이루어지지 않았다.

문제는 우리의 수학 교육이 무조건 새로운 수학 지식을 학생들 머리속에 밀어 넣는 일만 강요하고 있기 때문이다. 학생들이 그런 새로운 지식과 기존 지식이 충돌하는 혼란을 배려하지 않고 있는 것이다.

새로운 지식은 기존 지식을 청산하고 새로운 확장된 세계를 다시 건설하거나 창조해 내야한다. 그렇게 다시 태어나는 과정을 거쳐야 하는데 학생 혼자서는 쉽지 않기 때문이다.

그래서 많은 학생들이 수학선생님을 원망하며 수학을 포기하고 수학의 길을 영영 떠나 버리는 것이다. 그리고 이제 함수를 배울 때도 학생들은 함수에서 좌절하고 만다.

함수는 이제까지 학생들이 접해보지 못했던 전혀 새로운 성질의 개념이다. 함수는 수도 아니고 도형도 아니며 전혀 새로운 성질의 것이기 때문에 이제까지와는 다르게 수학이란 학문의 틀까지 무너지는 혁명적인 대 사건이 벌어진 셈이다.

이제까지 존재론적인 정적인 세계관에서 변화하는 동적인 세계관으로 세계관의 변화를 요구하는 것이 함수라는 개념이다.

함수를 배우는 학생들이 이런 세계관의 변화를 전제로 하지 않고서는 함수를 왜 배우는지 함수의 본질이 무엇인지 쉽게 이해하지 못하는 것이다.

: 수학은 자기 부정의 학문

나에게 수학공부에 대한 고민을 상담해오는 학생들은 한결같이 수학공부를 하면 할수록 헷갈리고 혼란스러워진다고 고백한다. 그런 혼란 속에서 어떻게 해야할지 갈피를 잡지 못하고 결국에는 수학을 포기해 버리는 학생들까지 생기는 것이다.

왜 수학공부는 하면 할수록 혼란스러워 지는 것일까? 그것은 수학이 본래 자기부정의 학문인 까닭이다. 수학은 기존의 수학 지식을 모두 부정해 버리고 새로운 수학을 창조하는 자기부정의 학문이다.

하지만 학생들은 그런 본질을 잘 알지 못하기 때문에 연속적으로 수학을 공부하면서 수학의 지식이 수학의 실력이 연속적으로 성장할 것이라고 착각하는 것이다.

하지만 성장이란 것이 원래 연속적으로 이루어지는 것이 아니다. 곤충이 알에서 깨어나 애벌레가 되고, 번데기가 되고, 누에고치를 찢고 나비가 되어 날아오르듯이 성장은 불연속적인 과정을 통해 이루어진다.

수학도 마찬가지다. 연속적으로 발전해 나가는 것이 아니다. 수학은 자기 부정을 통해서 늘 새롭게 태어나는 불연속적인 과정을 거쳐서 발전해 나간다.

처음 자연수를 배운 초등학생들의 마음속에는 수는 자연수뿐이라는 수에 대한 초라한 오두막을 짓게 된다. 그래서 초등학생들에게 수가 무엇이냐는 질문을 하면 1, 2, 3…가 수라고 답한다. 이런 귀납적인 답변은 올바른 답변이 아니다.

아직은 어린 초등학생들에게 수란 1, 2, 3 자연수가 전부인 셈이다. 그래서 좁고 허름한 자연수라는 수 체계로도 세계를 설명하는데 충분하다.

하지만 이 좁은 오두막으로는 분수라는 새로운 식구가 들어올 수는

없는 노릇이다. 그래서 분수를 처음 접하는 학생들은 분수를 수로서 인정하지 못하게 되고 자연수라는 수의 집밖에 방치하는 것이다.

분수를 수로서 인정하려면 이 오두막을 모두 헐어내고 분수도 수로서 포용할 유리수라는 더 큰집을 새로 짓지 않으면 안되는 상황이다.

초등학생들의 마음속에 굳게 자리잡은 자연수라는 오두막을 헐어내는 것은 결코 쉬운 일이 아니다. 자연수라는 오두막을 짓는 것도 힘든 일이지만 그것을 다시 헐어내는 일은 사고의 변혁을 겪어야 하는 더욱 힘든 일이다. 그것은 마치 자신을 부정하는 일처럼 어려운 일이다.

잘 살고 있던 오두막을 헐어버리면 당장 거처해야 할 곳을 잃어버리는 불안감 때문에 기존의 오두막을 헐어내는 것에 강한 저항감을 갖는 것이다.

때문에 선생들은 마치 아무것도 아닌 냥 새로운 수를 막무가내로 소개할 것이 아니다. 학생들이 새로운 수를 자연스럽게 받아들일 수 있도록 새로운 수의 필요성을 먼저 친절하게 설명해 주어야 한다.

자연수만으로는 더 이상 나타낼 수 없는 연속량의 문제에 부닥친 현실적인 이유를 설명하고, 이 연속량도 수로 나타내고 싶은데 어떻게 하면 좋을까 고민하는 단계도 학생들이 스스로 하도록 유도해야 한다.

그런 과정에서 인류의 역사에서도 자연스럽게 분수를 도입하는 과정을 학생들이 유사하게 반복함으로서 수의 개념을 자연스럽게 확장해 갈 수가 있다.

인류의 역사 속에서 이루어진 수의 확장이라는 사업을 막무가내로 밀어붙이기 식으로 강요해서는 안될 일인 것이다. 수학의 가장 어려운 문제는 계산술의 문제가 아니라 개념 확장의 문제이다.

: 방정식과 함수의 차이

방정식을 배우고 또 함수를 배우면서 학생들은 둘을 비슷한 수학기호로 표현하기 때문에 종종 헤 깔린다. 방정식과 함수의 차이점에 대해서 알아보자.

$$방정식 : f(x, y) = 0$$
$$함 \quad 수 : f(x) = y$$

먼저 수라는 것은 앞에서 존재를 크기를 수학적으로 표현한 것이라고 말했다. 그렇다면 방정식은 두 존재의 관계를 표현한 것이라고 말할 수 있다.

즉 어떤 존재의 크기를 내가 아주 잘 알고 있다. 이 알고 있는 값을 바탕으로 잘 모르는 미지의 존재의 크기를 밝혀내는 기본적인 수식이 바로 방정식이라고 말할 수 있다.

우리가 무언가 알아내고 밝혀내는 작업은 아는 것을 출발점으로 하여 한 발작 한 발작 신중하게 모르는 것으로 다가가는 것이 좋다.

방정식을 푼다는 것은 아는 수들로부터 덧셈, 뺄셈, 곱셈, 나눗셈 등의 사칙연산을 신중하게 해가며 모르는 미지의 값을 찾아가는 것이다.

$$(모르는 것) + (아는 것 \ a) = (아는 것 \ b)$$
$$(모르는 것) = (아는 것 \ b) - (아는 것 \ a)$$

사실 인생의 모든 문제도 하나의 방정식이라고 말할 수 있다. 삶이란 아는 것으로부터 모르는 미지의 바다로 나아가는 것이다. 아기가 포근한 엄마 품을 벗어나 험하고 거친 세상으로 나아가는 것처럼 말이다.

그렇게 세상살이에 나서면서 우리는 늘 방정식을 풀고 있는 것이다. 돈을 잘 버는 방법도 방정식이요, 사랑을 얻는 것도 방정식이다. 성공을 위해 우리는 모두 방정식을 풀고 있는 것이다.

방정식을 잘 풀지 못해 엉뚱한 답을 정답이라고 착각하고 사업에 실패하고 사랑에도 실패한다. 그래서 가난해지고, 천대받고 사랑은 도망가고, 인생은 나락으로 떨어져 불행하게 된다.

한편 함수는 방정식처럼 두 존재의 단순한 관계가 아니다. 한 존재의 변화에 대한 원인(독립변수 x)과 결과(종속변수 y)의 관계를 표현한 것이 함수다.

이렇게 존재의 관계를 나타낸 방정식과 존재의 변화를 표현하는 함수는 비록 수식은 비슷한 x, y 등의 문자로 표현되지만 전혀 다른 것이란 것을 분명히 이해할 필요가 있다.

우리는 방정식 문제를 풀면서 문자계산법을 익히게 된다. 그리고 그것을 활용해 함수식을 푸는 것도 자연스럽게 알게 되는 것뿐이다. 하지만 방정식에서 문자는 미지수로 하나의 값만 갖지만 함수에서 x, y 문자는 변수이기 때문에 여러 개의 값을 마음대로 취할 수 있다.

이런 것을 분명히 이해하면서 방정식과 함수의 차이를 안다면 존재의 관계식에서 변화의 관계식으로 쉽게 나아갈 수 있을 것이다.

2장

변화하는
세계

: 만물은 유전한다

중세를 벗어나면서 세상은 조용한 존재의 시대를 벗어나 시끌벅적한 변화의 시대로 접어들고 있었다. 물론 고대 그리스인들이 존재에만 주목했던 것은 아니다.

고대 그리스의 철학자 헤라클레이토스(Herakleitos, BC535- 475)는 만물은 유전(流轉)한다며, 변화와 운동이 세계의 본질임을 이미 설파하고 있었다.

〈 헤라클레이토스 〉

하지만 당시에는 이 변화의 철학을 수학적으로 구현할만한 능력이나 사회적 요구가 없었다. 때문에 변화를 본격적으로 연구하는 사람은 거의 찾아볼 수 없었다.

이렇게 고대부터 언급이 되었던 변화의 철학이 본격적으로 다시 대두된 것은 인류문명에 충분한 에너지가 비축되면서, 사회가 보다 역동적으로 변화하기 시작하였던 근세의 시기이다.

고대사회처럼 1차적인 농경사회에서는 비축된 에너지가 거의 없기 때문에 사회조직이 마치 변온동물처럼 계절의 변화에 맞추어 수동적으로 따라갈 수밖에 없었다.

대부분의 노동력은 농번기에 농사일을 하는 노동력으로 투입이 되고, 농한기에는 그냥 쉬면서 조용히 시간을 보내는 따분한 세상이었다.

반면 2차적인 제조업과 상업이 발달하기 시작한 근세에는 사회 내에 많은 에너지가 비축되었다. 이 비축된 사회적 에너지 덕분에 세상은 활기를 띠며 분주해지기 시작했다.

계절의 변화에 상관없이 활동할 수 있는 항온동물처럼 사회가 일상적으로 활동하면서 보다 빠른 변화의 시대가 되었다. 변화의 시대에 변화의 철학이 다시 주목받는 것은 당연한 일이다.

이제 사람들은 정적인 존재보다는 현란한 변화에 더 주목할 수밖에 없는 시대적 흐름을 타고 있었던 것이다. 그런 시대적 변화에 부응해서 수학자들도 새로운 변화의 수학을 창조해 내지 않을 수 없었을 것이다.

변화를 분석하고 표현하기 위해 수학자들은 어떤 새로운 수학을 만들어내야 했을까? 이 물음에 대한 답은 잠시 남겨두고 우선은 무엇이 어떻게 변화의 시대를 초래했는지 좀더 자세히 살펴볼 필요가 있다.

그것이 변화의 수학을 어떻게 창조해야 하는지에 대한 작은 힌트를 줄지도 모르니까 말이다. 변화는 존재보다 까다롭다. 변화를 수학적으로 표현한다는 것은 그렇게 쉬운 일은 결코 아니다.

: 향신료가 초래한 변화

암흑기라고 불리기도 하는 조용한 중세유럽이 서서히 변화하기 시작한 것은 바로 먹을거리의 문제가 생겨났기 때문이다. 사람들은 먹을 것과 관련된 문제에 민감하게 반응하지 않을 수가 없었을 것이다.

고대로부터 유럽의 왕과 귀족, 승려 등의 상류층 사람들은 향신료로 병을 예방하고 치료할 수 있다고 생각했다. 그래서 특효약으로서 비싼 값을 지불하면서까지 다양한 향신료들을 소비하고 있었다.

오늘날 비싼 자동차, 명품가방 등이 상류층에서 소비되는 것처럼 값비싼 향신료가 소비되고 있었던 것이다. 향신료는 유럽사회에서 사회적 지위나 부와 권력을 과시하는 상징적인 물품이었다.

그렇게 향신료는 유럽사회에서 문화적, 경제적으로도 중요한 위치를 차지하고 있었다. 그런데 1348년 유럽에 흑사병이 퍼지면서 인구의 3분의 2가 죽어나갔다.

사망자의 대부분은 영양부족의 불결한 환경에서 사는 가난한 농노들이었고, 농노에 의지하던 농경지는 가축을 방목하는 목초지로 변하고 농사 대신 양 등의 가축들을 방목했다.

하지만 겨울이 오면 가축들을 먹일 풀이 없기 때문에 종자가축을 제외한 가축들을 대량으로 도축할 수밖에 없고, 그렇게 도축한 대량의 고기는 아직 내장고가 없기 때문에 소금에 절여 저장하여 두고 봄이 올 때까지 두고두고 먹어야 했다.

하지만 시간이 지나면 구린내가 나기 시작하는 염장육은 맛도 없어서 먹기가 쉽지 않았다. 그래서 고기가 썩지 않게 해주고 맛과 풍미를 더해주는 향신료가 더욱 필요해졌다.

흑사병의 공포로부터 병을 예방하려는 목적과 식재료로서 향신료의 수요는 평민들에게까지 확산되었다. 그래서 향신료 장사로 돈을 버는 사람들이 많아졌다.

그런데 향신료로 후추는 인도의 동해안 지역에서 생산되고, 클로브, 육두구(Nutmeg) 등은 인도네시아 몰카(Molucca) 제도에서만 자라는 나무들이다.

때문에 유럽인들은 고대로부터 향신료를 아라비아 지역을 거쳐 수입하여 사용할 수밖에 없었다. 이슬람세력과 적대적이던 유럽인들에게 향신료 수입은 늘 불안정했다.

향신료는 생산지에서부터 육로와 해상로 등의 12단계의 복잡한 유통경로를 거치며 유럽의 소비자에게 전달된다. 각 단계를 거칠 때마다 가격은 2배가 되었다.

이슬람 세력과 전쟁이라도 나서 그 수입로가 막히면 후추는 같은 무게의 금과 같은 가격에 거래가 될 정도로 값이 300배 이상 폭등했기 때문에 검은 금이라고 불릴 정도였다.

그런 속에서도 베네치아 공화국은 지중해를 지배하며 이집트, 오스만제국으로부터 향신료 수입을 독점함으로 부유해졌다. 포르투갈이나 스페인 등의 이웃국가들은 베네치아만 향신료 수입을 독점하며 돈을 벌고 있는 것을 구경만 하고 있을 수는 없었다.

1415년 8월에 포르투갈의 엔리케(Henrique, 1394-1460) 왕자는 지중해 관문인 세우타(Ceuta) 요새를 점령하고 새로운 향신료 수입로를 찾아 아프리카 대륙을 탐험하도록 지원한다.

그렇게 좁은 유럽에만 갇혀 살았던 유럽인들이 목숨을 걸고 전세계를 탐험하기 위해 나선 것은 향신료 수입을 통해 부자가 되고 싶었기 때문이다.

향신료라는 무척 고급스런 식 재료가 포르투갈, 스페인, 네덜란드, 영국, 프랑스 등이 차례로 전세계로 뻗어나가는 대항해 시대라는 변혁의 시대를 촉발했던 것이다.

: 대항해 시대

항해왕자 엔리케가 향신료를 얻기 위해 식민지 정복에 나서면서 포르투갈은 15세기부터 1974년 식민지들이 독립할 때까지 브라질, 아프리카, 인도에 이르는 거대한 해상제국을 이룩하게 된다.

스페인도 포르투갈에 뒤질세라 콜럼버스를 지원하여 대서양을 횡단하고 지금의 쿠바에 도착한다. 곧 멕시코, 페루지역을 차지하여 스페인 제국을 건설하며, 1494년 토르데시야스 조약으로 포르투갈과 전세계를 양분한다.

1519년 스페인 국왕 카를로스 1세의 지원을 받은 포르투갈 탐험가 마젤란(Ferdinand Magellan, 1480-1521)은 향신료가 많이 나는 몰카 제도에 가기 위해 5척의 배를 이끌고 세계일주에 나선다.

당시에는 대서양에서 태평양으로 건너가는 항로를 아직 알지 못했다. 하지만 어딘가에 그런 뱃길이 있을 것이라는 신념을 가지고 목숨을 건 항해에 나선 것이다.

남극의 추위와 폭풍우를 뚫고 어렵게 마젤란해협을 찾아내어 태평양에 도달했고, 곧 필리핀에 이른다. 하지만 여기서 원주민들의 공격을 받아 마젤란은 죽고 만다.

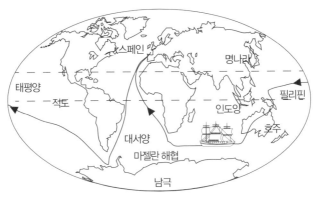

〈 마젤란의 세계일주 〉

1522년 선상반란 등으로 남은 부하 18명이 겨우 빅토리아호 1척에 타고 스페인에 돌아옴으로서 최초로 세계 일주에 성공했다. 이로서 지구는 둥글다는 사실이 모든 사람에게 실증된 것이다.

마젤란의 세계일주 성공은 유럽인들에게 큰 자극이 되었고, 세계관의 변화도 이끌었다. 유럽인들은 이제 무서울 것이 없이 선교를 명목으로 내세우며 전세계를 탐험하고 약탈하기 위해 나선다.

1648년 러시아 제국의 탐험가 데지뇨프(Semyon Ivanovich Dezhnev, 1605-1673)가 베링 해협을 탐험한 것으로 이제 지구상에서 일부 불모지를 제외하고 더 이상 인간의 발길이 미치지 않는 곳이 없을 지경이 되었다. 그렇게 대항해 시대는 막을 내린다.

이렇게 향신료는 대항해 시대를 거쳐 인간이 고루한 종교에서 벗어나 이성의 눈을 뜨고 산업혁명, 과학혁명까지 이끌어내는 대변혁의 시발점이었던 것이다.

　하지만 아무리 변화의 시대가 왔다고 해도 그 변화를 주도할 원동력이 계속 뒷받침 해주지 않는다면, 변화는 곧 시들해지고 말 것이다. 유럽이 세계사의 변화를 주도할 수 있었던 원동력은 무엇이었을까?

3장

변화의
원동력

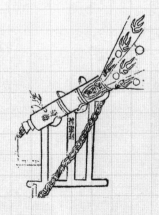

: 화약의 발견

원래 화약은 중국의 음양사들이 불노불사의 약을 만들려는 과정에서 발견했다. 현자의 돌 엘릭서(Elixir)를 정제하는 과정에서 질산염인 초석(硝石)이 만들어졌다.

중국 진(晉)나라 때의 학자이자 도사인 갈홍(葛洪, 283~ 343?)은 초석, 유황, 운모, 적철광 등을 혼합 가열하여 자분(紫粉)이라는 비약을 만들었다고 한다.

당나라 때인 850년경 정사원(鄭思遠)이 쓴 도교경전 진원묘도요략(眞元妙道要略)에 어떤 사람이 초석, 유황, 계관석(鷄冠石, 이산화砒素), 꿀을 섞은 것을 가열하다 화상을 입고 집을 다 태웠다는 기록이 있다.

역시 당나라의 의사였던 손사막(孫思邈, 581－682)도 단경내복유광법(丹經內伏硫磺法)에서 초석, 유황, 탄화된 주엽나무 열매를 섞어 불을 붙이면 맹렬하게 탄다고 기록하고 있다.

화약이라는 용어는 1044년에 송나라 정도(丁度, 990－1053)와 증공

량(曾公亮, 998－1078)이 관청에서 편찬한 무경총요(武經總要)에 등장한다.

이렇게 화약의 제조법은 비밀스럽게 전수되다가 정부의 문서에 기록되고 일반인들은 쉽게 그 제조법을 알 수 없도록 비밀에 붙여버린다.

화약을 만들 때 필요한 목탄과 황은 비교적 쉽게 구할 수 있다. 하지만 산소를 공급하는 산화제인 초석은 쉽게 구할 수 없고 만들기도 어려운 물질이다. 초석은 자연적으로 사막 등의 건조지역에서 승화물로 소량 생겨난다.

〈 초석 〉

초석에는 원래 초석인 질산칼륨(KNO_3), 칠레 초석인 질산나트륨($NaNO_3$), 질산칼슘($Ca(NO_3)_2$) 등이 있다. 원래 질산칼륨은 질소를 포함한 암모니아(NH_3) 등의 유기물이 분해되면서 생긴다.

호기성 박테리아인 아질산균에 의해 암모니아가 분해되면서 아질산(HNO_2)이 된다. 아질산은 쉽게 질산(HNO_3)이 되고 질산은 흙 속의 칼슘과 결합해 질산칼슘이 된다.

이 질산칼슘에 나무를 태워 만든 재 속에 든 탄산칼륨(K_2CO_3)을 넣어 질산칼륨을 얻는다. 인위적으로 질산칼륨은 얻는 방법은 다음과 같다.

고토법(古土法)은 50년 이상의 오래된 집의 마루아래 검은 흙을 살살 긁어내어 통에 넣고 물을 부어 질산칼슘을 녹여내고, 걸러서 이 물을 가열하고 나무재를 넣으면 질산칼륨이 생긴다. 대량생산에는 맞지 않다.

배양법(培養法)은 퇴비를 만드는 것처럼 흙과 죽은 동식물에 분뇨를 끼었고 비가 맞지 않게 하며 일정온도가 유지되도록 하면서 오래도록 썩힌다.

5년 후 겉의 흙을 긁어내어 초석을 추출한다. 이런 작업을 계속 반복한다. 좋은 초석이 나오는데 7년 정도 걸린다. 초석을 만드는 사람들은 냄새는 없는 하얀 결정체를 혀로 핥아 짠맛이 나는지 아닌지로 초석이 제대로 만들어졌는지 확인했다고 한다.

영국에서는 1588년 이전부터 서리(Surrey) 주의 에블린(John Evelyn, 1620−1706) 일가에 화약제조에 대한 독점권을 왕이 주었다.

프랑스에서는 초석 채취인이라는 직업이 있었다. 왕으로부터 어느 집이나 들어가 마루 아래의 흙을 긁어올 특권을 받았다. 그 생산량은 연간 300톤이었다.

프랑스 혁명 때 영국과 전쟁하면서 인도에서 초석 수입이 끊겼다. 그래서 배양법으로 초석을 만든다. 이것이 나폴레옹 군대에 보급되었다.

화약이라는 획기적이고 놀라운 에너지원이 발견되자 이것을 어떻게 이용할 것인가 하는 연구가 이루어지기 시작했다. 그 대표적인 것이 바로 총과 대포의 발명이다.

: 총의 발명

화약은 폭발시키면 그림처럼 사방팔방으로 그 에너지를 순식간에 발산해 버린다. 이는 그다지 유용하지 않고 오히려 위험하다. 화약의 큰 힘을 한곳으로 집중할 수 있다면 더 유용하면서 안전할 것이다. 그래서 발명되기 시작한 것이 총이나 대포이다.

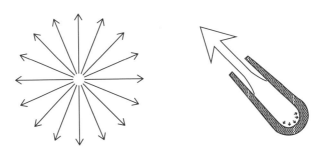

〈 사방으로 흩어지는 힘과 한곳으로 집중된 폭발력 〉

1232년 금(金)나라 군사들이 몽고군을 향해 비화창(飛火槍)이라는 무기를 사용했다고 한다. 이것은 자과(子窠)가 만든 것으로 황벽나무의 노란물을 들인 황지라는 종이를 16매 겹쳐서 종이 통을 만든다.

그리고 여기에 화약을 넣어서 긴 창이나 나무 막대에 매달고 있다가 필요할 때 불을 붙여 화염을 발사했다. 일종의 화염방사기이며 폭음으로 적을 놀래키고 위협하는 효과를 노린 것으로 보인다.

〈 비화창이라는 화약무기 〉

1259년 남송의 수춘부(壽春府)에서 대나무 통의 한쪽을 나무 손잡이로 막고 화약과 돌 등을 넣어 불을 붙여 발사했다. 사거리는 150보였다고 한다. 이것을 돌화창(突火槍)이라고 불렀다. 대나무이기 때문에 반복적으로 사용하기 어려웠을 것으로 보인다.

〈 돌화창 〉

1288년경 사용되던 청동제 총신이 발굴되었다. 이 총이 유럽을 정벌하던 몽고군을 통해 유럽으로 전해졌다. 이제 총과 대포의 발전은 동양보다 훨씬 전쟁이 잦았던 유럽에서 발전해간다.

유럽에서 총포의 발달

유럽이 본격적으로 변화의 시대를 맞이하게 된 것은 단순히 대항해 때문만은 아니었다. 오랜 시간 연습이 필요한 칼이나 활보다 더 쉽게 다룰 수 있으면서도 강력한 무기인 총포를 계속 발전시켰기 때문이다.

총이 등장하기 전에는 아무나 군인이 될 수 없었다. 어릴적부터 칼이나 활을 다루는 법을 연습하여 무기를 능숙하게 다루는 법을 몸에 익힐 수 있는 부유한 집안의 사람들이나 할 수 있는 고귀한 직업이었다.

하지만 점점 사용하기 편리한 총이 개발되면서 이제 누구나 군인이 될 수 있었다. 유럽의 봉건적인 계급사회가 총포의 발전으로 무너지고 있었던 것이다.

무거운 철갑옷을 입고 말타고 달리던 봉건시대의 기사들은 더 이상 전쟁터의 영웅일 수가 없게 되었다. 그렇게 봉건시대가 막을 내리고 손쉽게 조작할 수 있는 총포로 무장한 시민군이 등장하고 있었다.

1346년 영국과 프랑스의 백년전쟁 초기의 크레시(Crecy) 전투에서 영국왕 에드워드 3세(Edward III, 1312-1377)가 3문의 대포를 처음 사용하였다.

하지만 당시의 대포는 그 명중률이 형편없고, 포탄의 위력도 별로였다. 그래서 대포는 그 소리만으로 상대방을 주눅 들게 하고, 아군의 사기를 진작시키는 심리전용이었다.

처음 대포의 구조는 그림에서 보는 것처럼 아주 간단하다. 먼저 포구 쪽에서 화약을 부어 넣고 다음에 돌로 만든 탄환을 넣는다. 탄알이 굴러 나오지 않게 하고 폭발가스가 새나가지 않도록 종이나 헝겊을 채우기도 한다. 그리고 점화구에 불심지를 끼우고 불을 붙이면 대포가 발사된다.

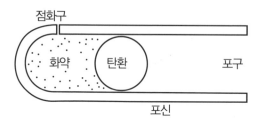

대포가 발사되고 나면 화약이 타고남은 찌꺼기를 포구 쪽에서 제거한다. 그리고 다시 화약을 넣고 탄환을 넣는 재 장전이 이루어진다.

이렇게 재 장전을 하기까지 시간이 상당히 걸린다. 더구나 점화구에 직접 불을 붙여서 발사하기 때문에 조준과 동시에 바로 발사를 할 수가 없다. 그만큼 명중률이 낮았던 것이다.

1411년 독일의 총기공이 손잡이에 간단한 Z자형 레버를 달고 거기에 화승줄을 넣어서 조준과 동시에 바로 총을 발사할 수 있게 하여 명중률이 그만큼 높

아진 서펜타인 록(Serpentine Lock) 총을 만들어낸다.

1450년 총신의 위에 있던 점화구를 오른쪽으로 돌리고 거기에 작은 불접시를 용접해 붙인 새로운 형태의 총이 등장한다. 더욱이 스프링 철판을 붙여서 방아쇠가 자동으로 원상태로 되돌아가는 런텐쉬로스(Luntenschloss)라는 총이 만들어진다.

이 총은 총신 위쪽으로 불을 붙이지 않기 때문에 사람이 직접 눈으로 보며 조준할 수 있고, 더 안정적이고 편리하게 총을 발사할 수 있었다. 이런 성능 좋은 총 덕분에 당시 후진국이었던 스페인은 오스만제국이나 프랑스를 누르고 군사 강대국으로 등장하게 된다.

이렇게 더 편리하고 정확한 총의 개발은 국가의 운명을 좌우하는 중대한 요건이 되어간다. 그래서 여기저기서 여러 발명가들이 나타나 더 좋은 총을 개발하기 위해 경쟁하고 고민하면서 계속 신무기가 등장했다.

그렇게 유럽의 전쟁사에서 총과 대포는 계속 발전을 거듭했다. 그리고 이제 이 무서운 무기들을 앞세우고 유럽인들은 전세계를 정복하기 위해 유럽의 밖으로 눈을 돌렸다. 이렇게 총은 세계의 운명을 크게 변화시키는 원동력이 되었다.

대항해 시대에 유럽인들에게 총이라는 편리하고 강력한 무기가 없었다면 무시무시한 식인종들이나 호전적인 원주민들, 맹수가 우글거리는 정글을 탐험하는 것은 불가능했을 것이다.

화약이라는 강한 에너지가 유럽인들이 세상을 변화시킬 수 있는 원동력이 되었던 셈이다. 하지만 아무리 그런 원동력을 갖추고 있다고 해도 역시 인간의 의지가 더 중요하다.

변화를 원치 않는 사람들에게는 아무리 강한 폭발력을 가진 화약일지라도 아무런 소용이 없었다는 것을 발전을 멈추고 정체된 동양사회가 잘 보여준다.

: 변화를 싫어한 동양

왜 동양에서는 유럽에서처럼 총이 발전하지 않았을까? 중국에서 먼저 화약이 발견되었고, 총이나 대포, 로켓까지 먼저 발명했다. 하지만 중국을 비롯한 조선에서는 이런 화약무기의 발전은 더 이상 이루어지지 않았다.

유럽처럼 작은 나라들로 분열되어 전쟁이 자주 일어나지 않은 탓도 있겠지만, 더 근본적인 이유가 숨어있다. 그것은 오랜 세월 강력한 왕권이 민중을 지배하고 있었기 때문이다.

천하를 통일한 강력한 권력자는 자신이 지배하고 있는 세상을 뒤바뀔 수도 있는 위험한 무기의 개발을 용서하지 않았다. 그래서 화약을 제조하는 비법은 철저히 숨겨졌다. 이런 비법을 알려고 하는 사람은 역적으로 의심을 받을 수도 있었다.

그래서 감히 무기의 성능을 높이는 일을 들어 내놓고 열심히 연구할 수도 없었다. 포르투갈 화승총은 이미 1529년에 명나라에 소개되었다.

하지만 그 편리한 총에 대해 중국인들은 그다지 반응을 보이지 않았다. 그것은 이미 명나라에는 대포라는 더 무서운 무기가 있었기 때문이기도 하지만, 중국에서는 기본적으로 살상용 무기의 개발에 큰 관심이 없었다.

1543년 포르투갈 상인 2명이 타고 있던 중국배가 일본의 다네가(種子)섬에 표류한다. 이때 일본에 화승총 2자루를 전해주었다. 일본은 이 화승총의 위력을 곧 알아보고 그 제조방법을 알아내어 대량생산에 들어간다.

일본은 작은 나라들로 쪼개져서 내란을 일삼고 있었기 때문에 신무기에 대한 태도가 이렇게 전혀 달랐던 것이다. 변화란 늘 외부에서 찾아오는 것이다.

1555년 조선의 명종(明宗, 1534-1567) 임금에게 일본의 타이라노쵸신(平長親)이 화승총을 조총이라는 이름으로 받친다. 이 총의 위력을 본 조선의 신하들은 이를 양산하자고 하지만 임금은 허락하지 않는다.

1590년 선조(宣祖, 1552-1608) 임금에게 통신사로 임명된 황윤길(黃允吉, 1536-1592)이 돌아오는 길에 대마도주 소우요시토시(宗義智, 1568-1615)에게 조총 2정을 얻어온다.

황윤길은 조총의 위력을 보여주며 일본이 곧 조선을 침략할 것이니 이에 대비해야한다고 말한다. 하지만 선조는 황윤길의 말을 무시함으로서 1592년 임진왜란을 아무 대비책도 없이 당하게 된다.

궁수병은 팔 힘이 좋은 사람들을 골라 훈련하는데 3년이 걸린다. 하지만 조총병은 원만한 사람이면 가능하고 훈련기간도 4달이면 충분했다. 즉 병력의 확보에서 조총의 가치는 매우 큰 것이다. 조선의 장군들이나 대신들은 이점을 간과하고 조총으로 무장한 일본을 가볍게 여긴 것이다.

이렇듯 중국이나 조선의 왕들은 밖을 내다보지 않았다. 자기 나라 내부만을 보면서 그 내부에서 반란이 일어나지 않도록 만 신경을 쓴 것이다. 그래서 외부의 자극에 대해 둔감했다.

독재권력이 나쁜 것이 이것이다. 내부단속만 할뿐 외부의 자극은 차단해 버리기 때문이다. 새로운 변화는 늘 외부에서 오는 것이다. 점점 소모되는 에너지는 내부에서 자연히 생기지 않는다.

새로운 에너지는 늘 외부에서 얻어와야 한다. 그래서 무릇 지도자는 외부에서 새로운 에너지를 얻어올 방법을 고민해야 하는 것이 그 본분이다.

동양사회가 일찍이 변화를 싫어한 것은 내부에서 자급자족하면서 만족할 수 있는 식물적 시스템이었고, 그런 안일한 체제를 계속 유지하고자 하는 독재권력이 장기집권에 성공했기 때문이다.

하지만 강력한 독재권력자가 생겨나기 어려웠던 비교적 자유로운 유럽에서는 늘 변화를 주시하고 그에 대해 민감하게 대응할 수 있었다. 향신료 부족에 의한 식량위기에 대해서는 대항해를 통해 극복하고, 화약에 의한 위협에는 더 빠르고 정확한 신무기를 개발해 대항했다.

아무튼 대항해와 화약에 의해 촉발된 변화는 영국에서 산업혁명을 초래하고 산업혁명은 기차와 자동차를 만들어내고, 더 빠르고 복잡하게 세상을 변화시켜 나갔다. 자본주의가 등장하고 주식회사가 생겨난 것이다.

나아가 석유와 전기와 같은 새로운 에너지를 발견하게 되고 새로운 에너지는 또 새로운 산업혁명을 일으켰다. 세상은 더 빠르고 더욱 복잡해질 수밖에 없었다.

4장

산업혁명

: 철제대포와 산업혁명

대항해가 시작되면서 아무도 없는 먼바다를 항해하는 값진 보물들을 실은 배들이 늘어나게 된다. 그러자 이런 배들을 약탈하려는 해적선들이 나타나기 시작한다.

그래서 배들은 대포 등으로 무장을 하게 된다. 처음 배에서 사용한 대포는 좁은 배 안에서 쉽게 사용할 수 있는 가볍고 작은 청동대포였다. 한편 청동포에 비해 값이 1/4에 지나지 않은 철로 만든 주철포도 있었다.

하지만 주철포는 쉽게 깨지는 단점이 있다. 대포를 발사할 때, 화약이 폭발하면서 내는 고열과 고압을 이 시대의 주철은 견디지 못하기 때문이다.

그런데 해적선들과 싸움이 치열해지면서 배들은 점점 많은 대포를 탑재하지 않으면 안되었다. 당시 노예무역 등으로 엄청난 부를 축적하며 대항해 시대를 주도했던 포르투갈해상제국과 스페인은 대량으로 대포를 수입했다.

한편 뒤늦게 대항해 사업에 뛰어든 후진국이었던 영국은 무적함대를 자랑하는 스페인 등을 따라잡기 위해 고심한다. 가난했던 영국은 비싼 청동으로 대포를 만들 수가 없었기 때문에 값싼 주철로 대포를 만드는 방법을 고민하게 된다.

1543년 영국왕 헨리8세(Henry VIII, 1491–1547)는 레벳(William Levett, 1495–1554) 목사에게 주철포를 만들 것을 지시한다. 인 성분이 든 철광석을 녹여 대포 주물을 만들고 서서히 냉각함으로서 실용적인 주철포를 양산할 수 있게 된다.

이제 영국은 세계에서 주철 대포를 가장 많이 생산하는 무기대국이 되었다. 엘리자베스 1세(Elizabeth I, 1533–1603)는 적에게 대포를 파는 일이 없도록 대포의 수출을 허가제로 바꾸었다. 1588년 영국은 스페인의 무적함대를 무찌르고 새로운 바다의 지배자로 등극한다.

이렇게 철의 역사에 많은 공헌을 했던 것이 영국이다. 여러 가지 난문을 해결하고 강철 양산까지 이루어낸 영국은 근대문명의 대공로자라고 할 수 있다. 18세기말에 일어난 산업혁명은 강철의 양산 없이는 불가능했기 때문이다.

왜 이렇게 서양인들은 사람을 죽이는 흉기인 더 편리하고 위력적인 대포와 총기를 발명하는데 적극적이었을까? 그것은 자신들이 강력한 무기로 변화를 주도함으로서 역사의 주인이고자 했기 때문이다.

강철양산이 산업혁명이 일어날 소재를 갖추게 해주었다면 대포 자체는 엔진으로 변모하여 산업원동기로 바뀔 수 있는 것이다. 대포는 단순히 무기에만 그치는 것이 아니다.

　이 대포를 다시 조금만 변형하면 인류의 역사를 바꾼 또 다른 발명품이 얻어진다. 즉 대포의 포신을 실린더로 하고, 대포알은 피스톤으로 바꾸면, 그것이 바로 엔진의 핵심적인 구조가 된다.

　그것은 바로 증기기관이나 가솔린 엔진 같은 원동기이다. 원동기가 발명됨으로서 이제 인간은 그 자신이 움직이고 변화할 수 있는 변화의 주인공이 되어간다.

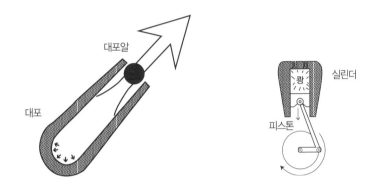

　대포는 폭약의 에너지를 불연속적으로 사용하는데 대해 엔진은 에너지를 연속적으로 계속 사용하는 것이다. 그래서 여러 가지 기계를 움직일 수 있고, 기차나 자동차, 배도 움직일 수 있게 되었다. 엔진의 등장으로 세상은 더 빠르고, 다양하게 변할 수 있었던 것이다.

: 증기엔진의 발명

　인류는 농경이 시작되면서 인간의 힘보다 강한 가축의 힘이라든가 수력, 풍력 등을 이용해 보다 수월하게 농경이나 탈곡 등의 여러 가지 작업을 할 수 있었다. 하지만, 이 힘들은 제약이 많았다.

　우선 일정한 크기의 힘을 연속적으로 얻어낼 수 없었다. 두 번째로 설치하는 장소의 제약이 있었다. 즉 바람이 잘 부는 곳이나 물이 많이 흐르는 곳이 아니면 안된다.

　하지만 상업의 발전으로 교역량이 늘어나면서, 보다 대량으로 생산되는 제품의 요구가 생겨나고 있었다. 그래서 옷감을 자동으로 짜는 기계 등이 발명되었다.

　이러한 자동기계를 움직이는 새로운 동력원을 필요로 하게 되었다. 그 새로운 동력원은 바로 화력에 의해 생기는 증기력이다. 증기력은 이미 고대의 과학자 헤론(Heron)도 알고 있었다.

　하지만 증기력이 본격적으로 사용된 것은 근대에 들어서면서 시작되었다. 1696년에 영국의 공병 대위 세이버리(Thomas Savery, 1650~1720)는 처음으로 사용할 수 있는 증기양수장치를 발명하였다.

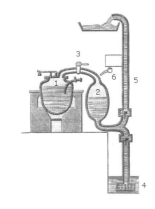

〈 세이버리 〉

그림에서 보는 것처럼 구리로 만든 두 개의 물통을 사용하여 물을 퍼 올리는 펌프를 만들었다. 1번 물통의 물을 끓여서 충분히 증기가 만들어지면 3번 밸브를 열어서 2번 물통으로 가게 한다.

그렇게 증기압에 의해 2번 물통의 물을 밀어 내리면 5번 관에 의해 물이 퍼 올려진다. 그럼 6번 밸브를 열어서 차가운 물을 2번 물통에 뿌려 증기를 식혀서 압력을 낮춘다.

그럼 2번 물통의 물이 위로 올라가면서 아래쪽 4번에서 물을 빨아올리게 된다. 이제 다시 3번 밸브를 열어 고압의 증기를 2번 물통으로 보내는 과정을 반복하는 것이다.

그렇게 해서 27m깊이의 물을 퍼 올릴 수 있었다. 하지만 압력이 낮아질 때면, 2번째 물통의 물이 증발하기 때문에 압력을 더 이상 낮추기가 어렵다. 때문에 물을 보다 잘 빨아올릴 수 없는 등으로 효율이 떨어졌다.

그래서 화력을 너무 높이다가 고압의 증기로 폭발사고가 일어나기도 했다. 그래서 등장한 것이 저압의 증기를 사용하면서, 피스톤을 사용하는 뉴커멘 기관이 등장하게 된다.

1705년 영국의 뉴커멘(Thomas Newcomen, 1663~1729)은 증기로 피스톤을 밀어 올린 다음 차가운 물로 증기를 식혀 저압을 만들어 대기압의 힘으로 피스톤을 다시 밀어 내리는 대기압 기관을 만든 것이다. 즉, 실린더 내의 압력은 1기압사이를 두고 변하는 것이다.

뉴커멘 기관이 세이버리 기관과 다른 점은 증기가 직접 물을 밀어 올리거나 빨아들이지 않고 증기가 피스톤을 움직이고 피스톤의 움직임으로 물을 펌프질하게 만들었다는 점이다. 즉 피스톤이라는 기계적 메커니즘이 처음 등장한 셈이다.

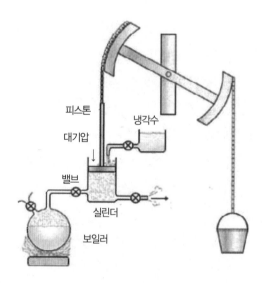

〈 뉴커멘 증기기관 〉

즉 물을 직접 퍼올리는 펌프와 증기기관이 분리된 뉴커멘 기관은 1712년에 80m 깊이의 지하수를 끌어올릴 수 있었고, 이 뉴커멘 증기기관은 광산에 널리 사용되었다.

한편 1764년 와트(James Watt, 1736~1819)는 뉴커멘 기관을 더욱 효율적으로 개량했다. 즉 증기를 식힐 응축기(Condenser)를 달아 실린더를 직접 식히지 않음으로서 열효율을 높였다.

그 덕분에 와트 기관은 뉴커멘 기관보다 석탄을 4분1만 사용해도 충분했다. 더구나 피스톤 양쪽으로 증기를 보내어 더욱 부드럽게 움직이는 복동식 증기기관을 발명했다.

그리고 피스톤의 왕복운동을 회전운동으로 바꾸는 크랭크축까지 발명됨으로서 증기기관은 이제 여러 제작기계는 물론 증기열차, 증기선 등에 활용할 수 있는 범용의 원동기가 되었다.

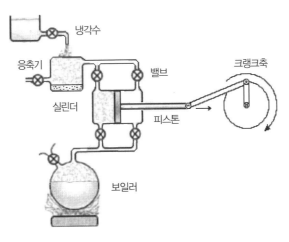

〈 와트의 증기기관 〉

이 원동기의 발명으로 영국은 산업혁명을 힘차게 진행시킬 수 있었던 것이다. 증기엔진으로 철도를 달리는 기차와 증기선이 영국에서 만든 공산품들을 전세계로 수출함으로서 영국은 큰돈을 벌어 세계 최고의 강대국이 된 것이다.

: 산업혁명

1837년 산업혁명(Industrial Revolution)이란 말을 처음 사용한 사람은 프랑스의 블랑키(Louis Auguste Blanqui, 1805-1881)이며, 1844년에 독일의 엥겔스(Friedrich Engels, 1820-1895)에 의해 대중화되기 시작했다.

영국의 역사가 토인비(Arnold Joseph Toynbee, 1889-1975)의 숙부였던 동명의 토인비(Arnold Toynbee, 1852-1883)가 옥스포드 대학에서 산업혁명이란 주제의 강의를 하였으며 학술용어로 정착되었다.

산업혁명은 영국을 시작으로 벨기에, 프랑스, 미국, 독일 등의 전 유럽으로 전파되어 나갔고 멀리 바다건너 일본으로까지 전파되어갔다.

그럼 왜 영국에서 산업혁명이 일어나게 된 것일까? 그야 제임스 와트가 증기엔진을 발명했기 때문이라고 간단히 생각할지도 모른다.

하지만 이미 고대 그리스시대에 헤론도 간단한 증기엔진을 제작했었다. 하지만 고대 그리스시대에 산업혁명은 일어나지 않았다. 산업혁명이 일어나는데는 증기엔진의 발명보다 더 근원적인 이유가 있는 것이다.

한창 증기엔진이 발명되고 개량되던 1760년부터 1820년에 걸친 약

80년간에 영국은 대규모의 산업혁명을 겪었다. 그런데 산업혁명 이전의 영국은 극히 평온한 나라였다.

즉 1760년대까지 영국의 경제성장은 매우 둔한 것이었다. 물론 1760년 이전에도 공업은 있었다. 간단한 기계나 도구를 사용한 분업으로 능률을 높이는 방법은 15세기 중엽 인쇄술의 발명에서도 알게 되었다.

다만 그러한 기계를 사용하는 경영자나 노동자들은 보통 길드(Guild)라는 동일직업조합으로 조직되고, 그 사람수가 제한되며 생산방법이나 생산량도 대체로 정해져있었다.

말하자면 주문이 있으면 생산한다는 체제이다. 이런 체제에서는 필요이상으로 제품을 생산해서 상품의 가치를 떨어뜨리는 어리석은 짓은 하지 않았다.

그런 상품을 구매하는 수요자들도 왕후귀족이나 사원으로 돈이 많고 시간적으로 한가한 사람들로 매우 한정되어 있었다. 때문에 상품의 대량생산이나 가격 폭락 같은 현상은 일어날 수 없었다.

한편 농민들은 필요한 물건은 직접 제작해서 사용하는 자급자족의 상태를 벗어나지 못했다. 예를 들어 예전에는 옷가지나 신발 등의 생활용품도 직접 지어 입고 사용했다.

할아버지로부터 손자에게까지 이와 같은 간단한 기술들을 전수하면서 대대로 비슷한 생활방식으로 살아왔다. 때문에 중소기업의 도산 같은 것도 없는 거의 안정된 조용한 경제구조였다.

그런데 1760년 이후로 영국 경제는 불황과 호황이 반복되는 급격한 경기변동을 보이기 시작한다. 자카드의 문직기 같은 자동화된 기계에

의해 상품을 대량으로 생산하는 것이 가능해지자 이런 공장을 차리는
중소기업이 대량으로 생겨났다.

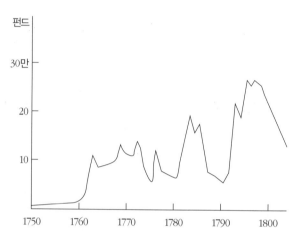

〈 산업혁명기에 주기적인 경기변동을 보이는 영국 경제 〉

공장이 많아지면 대량으로 쏟아져 나오는 상품 때문에 가격이 폭락
하고 이윤을 맞추지 못하는 공장들이 대량으로 도산해서 사라지는 현
상을 반복하는 것이다.

이런 현상이 일어나는 것은 바로 제품을 생산하는 자동기계의 발명
과 증기엔진이라는 편리한 동력원을 발명한 덕분이었다. 예전에는 숙
련된 수공업자들에 의해 생산되던 소량의 면직물을 자동 방직기 등이
대량으로 값싸게 생산해 낼 수 있게 되었다.

이러한 기계들이 대량으로 쏟아내는 공업제품은 가격 경쟁력을 갖
추어 귀족들만이 아니고 일반 농민들도 고객으로 만들면서 막대한 이

득을 만들어냈다.

그래서 더욱 많은 제품을 생산하게 되고 덤핑을 하기까지 이르렀다. 그러나 자본력이 딸리는 업체는 도산으로 이어진다. 과거 조상 대대로 이어온 가업이 하루아침에 망한다는 것은 꿈에도 생각해 볼 수 없었던 일이었다.

이러한 경제적 혼란은 인류 역사상 처음으로 경험한 것이었다. 도대체 이런 급격한 경기변동이 일어나는 원인은 무엇일까? 우리는 그 원인을 찾기 위해 앞에서 이야기한 대항해 시대까지 다시 거슬러 올라가 봐야 한다.

: 자본주의

대항해 시대를 통해 아메리카 대륙이라는 신대륙이 발견되고, 거기에서 금과 은이 풍부하게 산출되었다. 1503년부터 1660년까지 스페인 식민지로부터 황금이 181톤, 은이 1만7천 톤이 스페인으로 들어왔다.

당시 유럽 대륙에는 모두 합쳐봐야 황금이 90톤, 은이 3200톤밖에 없었다. 이렇게 화폐에 해당하는 금과 은이 단기간에 대량으로 들어오면서 유럽의 경제에는 혼란이 일어날 수밖에 없었다.

스페인으로 들어온 많은 양의 금과 은은 유럽각국으로 흘러 들어가고, 이 때문에 화폐가치는 떨어지고 물가는 3배에서 5배로 급등하는 가격혁명이 일어났다.

이제 유럽에서는 돈을 벌기 위해 상품을 만들어내기만 하면 되었다.

이제까지 농사를 짓다가 농한기에 수공업으로 조금씩 옷감을 짜던 농민들은 전적으로 옷감만 생산하는 일에 매달려도 큰돈을 벌 수 있게 된 것이다.

신대륙에서 밀려들어온 풍부한 금과 은이 공장제 공업을 발전시키는 변화의 원동력으로 작용한 셈이다. 공장에서 대량으로 상품을 제조해 내려면 증기기관 같은 원동기가 절대적으로 필요했다.

사실 증기기관의 발명은 이린 사회 경제적 요구가 있었기 때문에 이루어진 셈이다. 대항해시대가 변화의 원인으로 작용하여 대포 등의 총포의 발달을 요구한다.

그것이 제철기술을 발전시키는 동기가 되고 제철 기술의 발전은 증기엔진을 제작할 수 있는 바탕이 된다. 이런 바탕 위에 신대륙에서 채굴되어 들어온 금과 은이 막대한 자본력으로 작용하여 유럽 경제를 뒤흔들어 산업혁명을 일으키고 자본주의를 탄생시킨 것이다.

한편 중국의 송나라에서는 유럽보다 먼저 편리한 교환 수단이며 자본주의 혈액이라고 할 수 있는 지폐도 생기고, 기계를 만드는 솜씨도 더 뛰어났다. 하지만 그들은 결코 자본주의도 산업혁명도 일으키지 못했다.

왜 중국에서는 자본주의가 등장하지 못한 것일까? 중국에서 자본주의가 등장하지 못한 이유는 중국 천하가 황제의 막강한 권력의 지배를 받고 있었기 때문이다.

중국 역사에서 송나라는 상당한 경제적 발전을 이룩했다. 그런데 아이러니컬하게도 군사적으로 약했기 때문이다. 송나라는 이웃인 요나라, 서하에게 패해 막대한 돈을 보내며 평화를 구걸했다.

여진족의 금나라에게도 매년 비단25만필(1필은 약12.3m), 금25만냥 (1냥은 약37g)을 바쳐야 했다. 그런데 이 때문에 오히려 송나라 경제는 더 활발하게 돌아갔다.

조공으로 바칠 수 십 만필의 비단을 짜내기 위해 관청에서는 공장을 짓고, 엄청난 노동자를 고용했다. 소주(蘇州)에는 5명이 한 조를 이뤄 베틀을 돌려 베를 짰다.

〈 송나라 직조공장 〉

100대 이상의 베틀을 돌리는 공장이 100군데나 생기고 번성했다고 한다. 그렇게 염색공, 방적공 등의 다양한 직업이 생기고, 금전 거래 의 편리를 위해 지폐인 교자(交子)를 1023년에 정부의 책임 아래 발행 하였다.

〈 역사상 최초의 지폐 〉

중국의 송나라는 서양보다 700년이나 앞서 자본주의가 등장할 수 있는 문턱까지 간 셈이다. 하지만 자본주의는 등장하지 못했다. 이유는 황제라는 한사람의 독재권력 아래에서 관료들은 반드시 부패하기 때문이다.

많은 사람을 속이기는 어려워도 황제 한사람을 속이는 것은 아주 쉽다. 그래서 고위 관료들은 먼저 미녀 등을 바치며 황제의 마음을 사로잡은 다음에 자기들 마음대로 국정을 농단하기 시작한다.

그들은 농민들과 직공 등이 생산한 곡식과 비단 등을 마구잡이로 대거 수탈하도록 하위직 관료들을 방관하거나 조장한다. 그 돈으로 매관매직을 하고 황제의 눈과 귀를 가리는데 사용한다.

그렇게 독재권력 아래의 백성들은 온갖 학정에 시달리며 살았다. 그래서 판관 포청천(包淸天, 999-1062)이 등장할 지경이었다. 중국인들은 포청천을 자랑삼아 오늘날에는 드라마까지 만들어냈다.

하지만 반대로 포청천이 존재해야 할만큼 부정부패가 심각했었다는 점을 부끄러워 해야한다. 결국 어리석은 송나라 황제는 금나라에 나라를 빼앗기고 비참한 포로생활을 하다가 죽었다.

이렇게 자유가 없는 곳에서는 아무리 부유해져도 그 사회는 부패할 뿐, 새로운 모습으로 발전하지 못하는 것이다. 산업혁명이나 자본주의는 종교혁명으로 자유의 사상, 평등의 사상이 충만했던 유럽에서나 가능했던 것이다.

독일의 경제학자 마르크스(Karl Heinrich Marx, 1818-1883)는 자본주의가 등장하게 된 이유로 생산력 증대로 자본이 축적되고 노동자가 증가했기 때문이라고 설명하지만, 이는 피상적인 설명에 지나지 않는다.

인류 역사상 엄청난 부를 축적했던 왕족이나 귀족들이 수없이 있었지만, 이들이 이 부를 재투자해서 더 많은 새로운 이득을 창출하는 것을 상시적으로 시도한 자본주의는 나타나지 않았기 때문이다.

자본주의가 등장하는데 꼭 필요한 요소로 독일의 사회학자 베버(Max Weber, 1864-1920)는 자본주의 정신을 들었다. 자본주의 정신이란 자유 속에서 근면 성실한 직업윤리를 강조한 청교도정신과 같다는 것이다.

즉 권력으로부터 자유롭게 사유재산을 늘릴 수 있는 경제적 자유와 시장이 보장되지 않으면 자본주의는 생기지 않는다고 말할 수 있다.

상도라는 MBC 드라마에서도 작은 재산은 사람의 노력으로 이룰 수 있지만, 큰 부자는 하늘이 낸다고 한다. 그 하늘이란 바로 권력자를 의미한다.

조선시대의 거상은 권력과 밀착하지 않으면 생겨날 수 없었다. 오늘날 대한민국의 재벌들도 모두 권력과 정경유착을 통해 태어났다. 그렇게 부정하게 탄생한 재벌은 서민들을 수탈의 대상으로만 여긴다. 재벌들이 골목상권까지 침탈하는 이유이다.

변화의 원리

: 변화의 방향성

향신료 등으로 세상의 변화가 촉발되기 시작하고 여기에 화약 등의 원동력이 제공되면서 세상은 더 다양한 모습으로 변화를 계속해서 산업혁명을 일으키고 자본주의가 탄생하기까지 우리는 세상이 어떻게 변화해 왔는지 대강 살펴보았다.

이제 세상이 변화하는데 어떤 원리들이 작용하고 있는지도 알아보자. 먼저 변화에는 방향성이 있다는 점을 알아야 한다. 한번 엎질러진 물은 주워담을 수 없고, 죽은 사람을 되살릴 수도 없다.

이처럼 세상에서 일어나는 변화는 어떤 하나의 방향성을 가지고 있다. 변화가 원래 상태로 완벽하게 되돌아가는 변화는 가역변화라고 부르고 그럴 수 없는 일방향으로만 일어나는 변화를 비가역적인 변화라고 부르기도 한다.

우리 주변에서 일어나는 대부분의 변화는 비가역적인 변화다. 우리가 인생을 살아가다 보면 시간을 되돌릴 수만 있다면 하고 후회하는 일들이 종종 있다. 세상사가 비가역적이기 때문에 인생의 마지막 종착지는 회한으로 가득하게 된다.

공원 벤치에 앉아 한숨을 지며 지난날들을 후회하는 초로의 노인들을 가끔 만날 수 있다. 내가 소시적에는 말이야 머리도 좋고 힘도 좋았는데…… 그때 이러한 일에 이렇게 저렇게 했어야 하는데 그럼 출세하여 돈도 명예도 따랐을텐데…… 바보처럼 그렇게 하지 못했잖은가…… 젊은이는 그런 바보 같은 실수를 하지 말게나……

아무리 후회한들 시간은 되돌릴 수 없고 그때로 되돌아가 바보처럼 잘못한 선택을 바꿀 수도 없다. 왜 우리 인생은 이렇게 후회로 가득하며 잘못을 되돌릴 수 없는 것일까?

후회 없는 인생을 위해 우리는 돌이킬 수 없는 변화의 방향성에 대해 깊은 성찰이 필요할지도 모른다. 이제부터 그 이야기를 하고자 한다.

앞에서 이야기 한 것처럼 영국에서 와트에 의해 증기엔진이 발명되고 산업혁명이 일어났다. 증기기관차가 등장하면서 세상은 급속도로 변하기 시작했다.

이런 와중에 영국보다 후진국이었던 프랑스, 이탈리아, 독일 등 서구 유럽의 열강들은 식민지 확보를 위한 치열한 경쟁에 뛰어들었다.

이 경쟁의 원동력은 바로 증기엔진이었다. 증기엔진을 돌려 공장에서는 공산품을 양산하고 기관차나 기선을 달려 공산품을 식민지 국가로 수출하기 때문이다.

당시의 증기엔진은 오늘날의 컴퓨터 CPU와 같은 최첨단의 상품이라고 할 수 있다. 미국의 인텔사가 생산해서 전세계에 수출하는 컴퓨터의 핵심 부품인 CPU로 전세계의 컴퓨터 시장을 장악하고 있다.

경제대국 군사대국 미국보다 앞서나가는 방법은 자체적으로 미국의 CPU보다 성능이 좋은 CPU를 개발하는 것이 출발점이 될 수도 있는 것이다.

당시에 프랑스는 영국의 증기엔진보다 더 성능이 좋은 증기엔진을 개발하여 영국을 이기고 싶었는지도 모른다. 이 문제를 근본적으로 해결해 낸 것은 바로 카르노 사이클이다.

영국의 강력한 경쟁자였던 프랑스의 과학자 카르노(N. Leonard Sadi Carnot, 1796-1832)는 영국의 증기엔진보다 효율적인 증기엔진을 만들어내기 위해 증기엔진이 돌아가는 원리를 본질적으로 분석하기로 한다.

1820년대 카르노는 가상적인 증기기관을 만들기 위해 먼저 보일-샤를의 법칙을 검토했다. 이미 1662년 영국의 과학자 보일(Robert Boyle, 1627-1691)은 공기펌프를 제작하면서, 온도를 일정하게 하고 압력을 가하면, 기체의 부피가 줄어든다는 것을 발견하고, 압력과 부피는 반비례한다는 보일의 법칙을 발표했다.

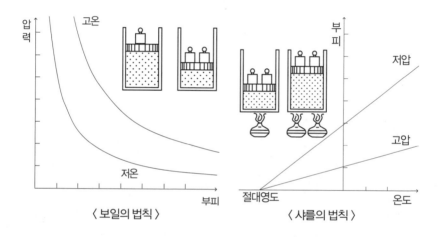

〈 보일의 법칙 〉　　　　〈 샤를의 법칙 〉

1787년 몽골피에 열기구 제작 등에 관여하던 프랑스의 물리학자 샤를(Jacques A.C. Charles, 1746-1823)은 압력을 일정하게 유지하고, 기체의 온도를 올리면, 그에 비례해서 부피가 증가함을 발견하고 이를 샤를의 법칙으로 발표했다.

카르노는 이 보일-샤를의 법칙으로부터 다음과 같은 카르노 사이클(Carnot Cycle)이라는 열역학상의 가역적인 사이클을 생각해 냈다.

저압 고온의 A점의 실린더를 냉각시키면 부피가 줄어들면서 B점으로 이동한다. B점에서 더욱 압축을 하여 C점으로 가고, C점에서 이제 열을 가하면 D점으로 간다.

고온 고압의 D점에서 피스톤을 밀어내어 외부에 일을 하면서 압력은 낮아지고 부피는 커져서 원래의 A점으로 돌아온다. 이것이 카르노 사이클이다.

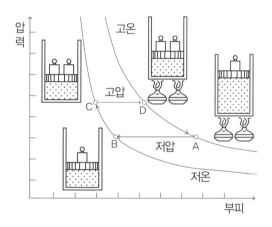

즉 카르노 사이클은 증기엔진이 작동하는 원리를 밝혀낸 셈이다. 이 카르노 사이클로부터 얻은 결론은 증기기관의 효율은 기체의 종류나 압력의 차이보다도 온도차가 가장 중요한 요소라는 것을 알게 되었다.

그래프에서 온도 차이가 부피의 변화를 더 크게 일으키기 때문이다. 즉 온도차가 클수록 부피의 변화가 커지고 부피의 변화가 크다는 것은 그만큼 많은 양의 일을 할 수 있다는 의미이기 때문이다.

그러나 1830년 7월 혁명으로 연구가 단절되고 카르노는 2년 뒤에 콜레라에 걸려 죽고 말았다. 이 카르노사이클의 생각은 그가 죽은 뒤 2년이 지난 1834년에 철도공학자인 클라페롱(Benoit Paul Emile Clapeyron, 1799-1864)이 발견하여 압력 부피의 그래프로 표현하였다.

1865년에 독일의 물리학자 클라우지우스(R. J. E. Clausius, 1822-1888)는 이 카르노의 연구로부터 엔트로피라는 개념을 만들어낸다. 그래서 우주는 엔트로피 증가의 법칙의 지배를 받고 있다는 것을 알게 된다.

왜 늙은 사람이 다시 젊어질 수 없는지 그 이유를 엔트로피 증가의 법칙에 의해 이해할 수 있게 된 것이다. 이 우주는 뜨거운 빅뱅이후로 온도가 낮아지는 한 방향으로만 나아가며 그 방향으로만 시간이 흐르고 변화는 그렇게 일어나는 것이다.

: 진동하는 변화

아무리 우주가 엔트로피 증가의 법칙에 지배되고 있다고 해도 우주에서는 생명이 탄생하기도 하고, 다양한 변화가 일어나고 있다.

어떻게 그런 일이 가능한 것일까? 앞에서 산업혁명이 일어나면서 영국 경제는 호황과 불황이라는 주기적인 경기변동을 일으키기 시작했다는 점에 주목해 보자.

왜 이런 현상이 일어나는 것일까? 이런 현상 속에 숨어있는 기본적인 작동원리 같은 것이 있을까? 20세기말 과학자들은 이런 주기적인 변동을 일으키는 다양한 현상들에 대해 주목하고 그들에 공통적인 작동원리를 규명해 내기 시작한다.

예를 들어 한 숲 속에 사는 토끼와 늑대의 개체수도 영국 경제가 경기변동을 일으키는 것처럼 주기적으로 증가와 감소를 반복한다.

숲 속에서 사는 토끼는 풀과 나무열매 등을 먹고 번식하게 된다. 한편 늑대는 그런 토끼들을 잡아먹고 사는 먹이사슬이 이루어져 하나의 생태계를 이루고 있다. 이때 토끼의 개체수와 늑대의 개체수는 서로 영향을 주고받으며 변동하게 된다.

토끼의 개체수가 증가하면 그것이 원인이 되어, 늑대의 개체수가 증가하는 결과를 가져온다. 이렇게 원인의 증가가 결과의 증가를 가져오면 (+)로 화살표 상에 표현한다.

한편 늑대의 증가는 역으로 토끼를 감소시키는 결과를 만든다. 이 두 인과관계를 하나로 합쳐서 생각하면, 다음과 같은 피드백 회로가 만들어진다.

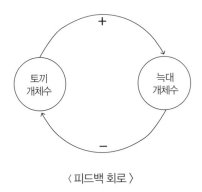

〈 피드백 회로 〉

이제 이 피드백 회로가 작동하는 전체적인 모습을 하나의 평면상에 나타내보자. 토끼수의 수를 세로축으로 늑대의 수를 가로축으로 하여 두 개체수가 서로 어떻게 영향을 주는지 다음과 같이 그래프로 알아볼 수 있다.

즉 비가 적당히 내리고, 땅은 비옥해서 풀들이 잘 자라고 나무 열매가 풍성해서 토끼가 아주 많이 번식하면, 그에 따라 늑대의 수도 더불어 늘어난다.

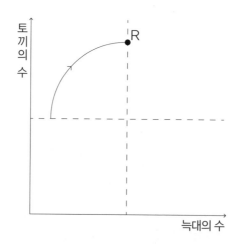

하지만 숲의 크기는 무한하지 않고, 아무리 풍년이라도 토끼의 수가 늘어나면, 곧 먹이부족에 직면하게 된다. 그래서 토끼는 더 이상 번식하지 못하는 최대지점(R)에 도달하게 된다.

하지만 이때 늑대의 개체수 증가는 멈추지 않고, 계속 증가해 간다. 토끼의 수가 많기 때문에 늑대의 사냥 성공율은 높아 늑대의 개체수는 계속해서 증가할 수 있는 것이다.

하지만 이에 따라 토끼의 개체수는 감소해가기 때문에, 점점 사냥에 실패하게 되고, 같은 늑대끼리의 경쟁도 치열해진다. 결국 늑대의 개체수도 더 이상 늘어나지 못하는 최대지점(W)에 도달하게 된다.

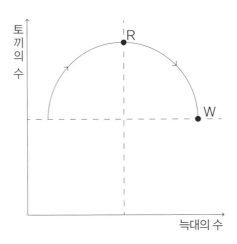

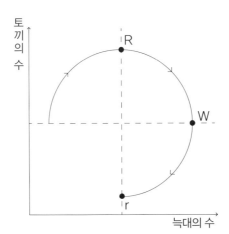

그런 상황에서 여전히 토끼수의 감소는 멈추지 않는다. 토끼를 잡아 먹는 늑대의 수가 너무 많기 때문이다. 그렇게 토끼가 계속 감소하기 때문에 이제 늑대들도 굶어죽는 수가 급증하게 되면서 늑대의 수도 감소세로 반전되어버린다.

그렇게 토끼와 늑대의 개체수는 같이 줄어든다. 그리고 결국 토끼는 더 이상 개체수가 줄어들 수 없는 최소점(r)에 도달한다. 즉 토끼 수가 너무 적어서 늑대들은 내부분 사냥에 실패하기 때문이다.

그리고 이제 토끼들에게는 먹이감도 풍부해졌다. 경쟁자였던 토끼의 수가 너무 줄어들었기 때문이다. 그래서 이제 토끼의 개체수는 다시 증가하기 시작한다.

그럼에도 여전히 늑대의 개체수는 계속 감소한다. 여전히 토끼의 수는 절대적으로 적고, 늑대들끼리의 경쟁은 아직도 치열해서 굶어죽는 늑대가 속출하기 때문이다.

하지만 늑대도 더 이상 개체수가 줄어들지 않는 최소점(w)에 도달한

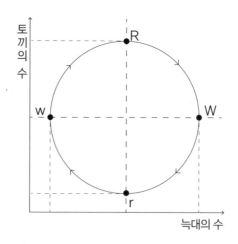

다. 그 동안 토끼의 수가 다시 증가해 주었고, 늑대들도 많이 줄어든 탓에 경쟁이 치열하지 않아, 다시 사냥 성공률이 높아지기 시작했기 때문이다. 즉 처음의 원점으로 돌아온 것이다.

이것이 토끼와 늑대라는 두 피식자와 포식자가 추는 춤을 그림으로 표현한 것이다. 즉 토끼와 늑대의 개체수는 원주 상을 돌면서 증가와 감소를 서로 주기적으로 반복하게 된다.

이 그림에서 원의 중심점은 토끼와 늑대의 개체수가 절묘하게 균형을 이루는 점으로 토끼의 개체수도 늑대의 개체수도 변하지 않는 점이다.

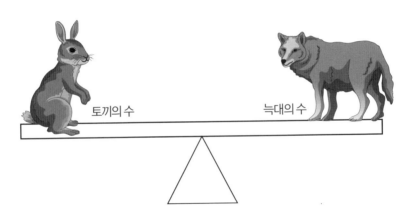

하지만 이 균형은 외부에서 어떤 에너지가 가해짐으로서 무너진다. 즉 기후 등의 변동으로 크게 풍년이 들거나 흉년이 들게 되면, 이 중심점을 벗어나는 일이 벌어지는 것이다.

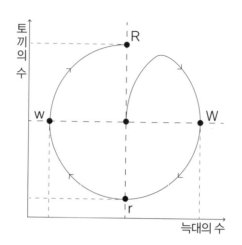

　　산업혁명기 전의 영국 경제도 조용한 균형점에 놓여있었다. 그러다가 대항해 시대를 통해 들어온 막대한 자본이 영국 경제를 흔들어 산업혁명을 촉발시키고 그것이 호황과 불황이라는 주기적인 경기 변동을 일으켰다고 해설할 수 있다.

〈사냥꾼의 가세〉

토끼와 늑대가 살던 숲에 사냥꾼이라는 새로운 포식자가 등장한다. 사냥꾼은 토끼나 늑대 모두를 닥치는대로 사냥한다. 그럼 토끼나 늑대의 개체수는 어떤 변동을 보이게 될까?

처음 토끼의 수가 증가하면 토끼를 사냥하는 사냥꾼 수도 따라서 증가하게 된다. 사냥꾼이 많아지면 토끼 수의 증가는 느려지지만, 사냥꾼이 토끼를 잡고 만족하기 때문에 늑대를 많이 잡지 않아 늑대는 더 빠르게 늘어난다.

드디어 토끼는 더 이상 증가할 수 없는 점에 도달하고 줄어들기 시작한다. 그에 따라 사냥꾼수도 줄어든다.

사냥꾼이 줄어드니 늑대는 계속 증가한다. 사냥꾼이 최소치가 되면 토끼수가 다시 잠깐 증가하고 늑대는 여전히 증가한다. 늑대가 최대치에 이르면 늑대를 사냥하는 사냥꾼이 증가하고 토끼는 늑대에게 잡혀 감소한다.

토끼의 감소와 사냥꾼의 증가로 최대치에 이른 늑대는 빠른 속도로 감소하기 시작한다. 토끼는 사냥꾼과 늑대 때문에 최소치에 도달하고, 그 때문에 사냥꾼도 줄어들기 시작한다. 하지만 여전히 늑대는 사냥꾼에게 사냥 당하고 토끼도 적기 때문에 계속 감소의 길을 간다.

사냥꾼과 늑대가 줄면서 토끼는 이제 증가의 경향을 보인다. 늑대는 토끼가 부족하고 사냥꾼이 많아 계속 감소하며 극소치에 도달한다.

토끼, 늑대, 사냥꾼이 사는 숲 속의 생태계에서 이들의 개체수의 관계는 다음 그림처럼 3차원 공간상의 도너츠의 표면을 휘감아 도는 곡선으로 표현할 수 있다.

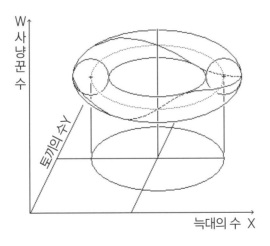

〈로트카—볼테라 방정식〉

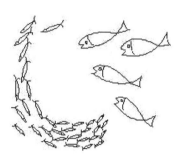

토끼와 늑대만이 아니고, 어떤 생태계에서든 먹고 먹히는 관계, 즉 포식자와 피식자의 관계를 수리적으로 분석하여 만든 생태계의 수학적 모델을 생각할 수 있다.

제1차 세계대전 중 아드리아해는 이탈리아 해군과 오스트리아 · 헝가 리 제국과의 싸움으로 대규모 어업이 거의 중지되었다. 그 결과 예상치 않은 사태가 일어났다.

전쟁이 끝난 수년 뒤에 이탈리아 생태학자 단코나(Umberto D'Ancona, 1896-1964)가 어업시장에서 어획량의 통계를 조사한 결과, 전쟁 뒤 상어 등 육식어의 비율이 전쟁 전보다 매우 높아진 것을 알게 되었다.

단코나는 전쟁이 상어에게 어떻게 유익했을까? 전쟁이 상어의 번식에 어떤 영향을 미치고 있을까 하며 매우 의아해했으며 당시 일류 수학자였던 볼테라(Senator Vito Volterra, 1860-1940)에게 이 문제를 의논했다.

1925년에 미국의 화학자 로트카(Alfred James Lotka, 1880- 1949)와 1931년에 이탈리아 수학자 볼테라(Senator Vito Volterra, 1860-1940)는 생태계의 각 생물종의 개체수의 변동을 나타내는 수학적 모델을 각각 만들어졌다. 그래서 이것을 로트카—볼테라 모델이라고 부른다.

포식자인 늑대의 개체수를 x, 피식자인 토끼의 개체수를 y로 하고, 각 개체수의 시간변화율을 알아보자. 먼저 토끼 개체수 y의 시간변화율을 알아보면,

〈 볼테라 〉　　　　　　　　　〈 로트카 〉

맬서스의 개체수 증가 방정식 $dy/dt = ay$ 이다(a는 토끼의 출생율로 출생수/개체수).

이것은 숲 속에 토끼 혼자서 살 때의 증가율이다. 즉 토끼는 혼자서 잘 번식한다. 맬서스의 예언대로 토끼는 기하급수로 증가해서 숲을 완전히 황폐화시킬 정도로 번식하게 된다.

이제 늑대라는 포식자가 그 숲에 등장했을 때, 미치는 영향을 생각하면 다음과 같이 바뀐다. 즉 토끼가 늑대에게 잡아먹힐 가능성은 늑대와 토끼가 만날 확률과 같으며, 이는 두 개체수의 곱에 비례한다.

dy/dt = (출생수)−(잡아먹힌 수) = $ay-bxy$ = $by(a/b-x)$ ···(1)
b는 잡아먹힌 토끼의 수를 구하기 위한 적당한 비례상수이다.

다음으로 먹이감이 없을 때, 늑대의 개체수 x의 시간변화율을 알아보면, $dx/dt = -cx$ 이다(c는 사망률이다). 즉 늑대는 점점 굶어 죽어가는데, 그것은 늑대의 개체수에 비례한다.

이제 늑대가 토끼들이 많이 사는 숲을 발견하면, 토끼들을 잡아먹고, 늑대의 수는 줄어들지 않게 된다. 그래서 다음과 같이 변한다.

dx/dt = (사냥성공 수)-(굶어죽는 수) = $bxy-cx$ = $bx(y-c/b)$…(2)
처음에 토끼와 늑대가 만나면 두 개체수는 요동을 치는 것처럼 주기적으로 변동하지만, 점점 생태계는 안정되어 개체수의 변화가 크게 없는 $dx/dt=0$, $dy/dt-0$ 인 점에 접근하게 된다.

$by(a/b-x) = 0$, $x = a/b$이고, $bx(y-c/b) = 0$, $y = c/b$인 점이다.

이 로트카-볼테라 모델은 주식시장에서 주가의 변동과 투자자수의 변동관계를 설명할 때도 사용할 수 있다. 즉 주가가 바닥이면 투자자들이 주가반등이 언제가 시작될 것이라는 기대를 품고 하나둘 주식을 사기 시작한다.

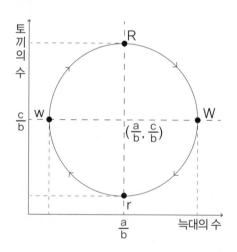

그래서 이것이 양의 피드백으로 작용해서 주가가 오르기 시작한다. 주가가 오르자 더욱 투자자가 몰려든다. 하지만 너무 주가가 오를 만큼 올랐다고 판단하는 시점에 도달하면 투자자들은 다시 주식을 되팔기 시작한다. 이렇게 주가변동과 투자자수의 변동은 반박자를 사이에 두고 변동을 반복한다.

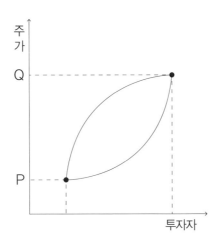

중요한 것은 이러한 변동의 원동력이 무엇인가이다. 즉 피식자와 포시자의 수가 주기성을 가지고 반복적으로 돌고 도는 것은 태양에너지가 계속 공급되고, 그것이 풀과 나무열매를 키우고, 토끼들을 살찌우고, 늑대도 늘린다.

그 에너지는 결국 늑대의 사냥활동이나 사체 등으로 폐열이 되고 분해과정에서 산일되어 엔트로피를 버리는 일이 계속 이루어지기 때문에 가능한 것이다.

만일 태양이 빛을 잃고 더 이상 생태계에 에너지 공급을 해주지 않는다면 생태계의 이 순환고리는 곧 회전을 멈추어 버리고 피식자 포식자 모두 죽어버린다.

주식시장도 자본이라는 여유 에너지가 계속 공급되기에 주식시장의 회전이 가능한 것이다. 여유 자본이 메말라 버리면 주식시장은 문을 닫게 될 것이다. 변화의 원동력인 에너지가 지속적으로 공급되면 변화는 두 개의 요인이 서로 영향력을 주고받으며 주기적인 변동을 보이게 되는 변화의 작동원리를 볼 수 있다.

〈표범의 얼룩무늬〉

산업혁명기에 나타난 영국 경제의 주기적인 변동과 토끼와 늑대의 개체수 변동이 유사한 작동원리가 작용한다는 것을 살펴보았다.

그런데 또 하나 전혀 상관없을 것 같은 것에서도 같은 작동원리를 찾아낼 수 있다. 바로 표범이나 얼룩말, 물고기 같은 동물들의 몸 표면에 나타나는 다양한 문양이 바로 그것이다.

왜 표범은 얼룩 점박이 무늬를 갖게 되었을까? 그런 무늬가 나타나는데도 어떤 작동원리가 과연 숨어있는 것일까? 영국의 수학자 튜링은 표범의 얼룩무늬가 생겨나는 것을 설명할 수 있는 간단한 수학방정식을 찾아내었다.

1952년 튜링은 반응확산계(Reaction-Diffusion system)라는 수학적 모델을 제시한다. 반응확산계는 비평형 상태에서 반응현상과 확산현상이 혼재 된 시스템을 말한다. 반응확산계는 다음과 같은 반응확산방정식으로 표현할 수 있다.

$$\text{물질의 농도변화} = \text{화학반응} + \text{확산속도}$$

$$\frac{\partial u}{\partial t} = F(u) + D\frac{\partial^2 u}{\partial x^2} \ (D \text{는 확산계수})$$

두 종류의 화학물질을 생성하는 화학반응과 그 물질들의 확산 속도를 조합한 반응 시스템이다.

토끼에 비유할 수 있는 활성인자라고 불리는 물질은 자기촉매적으로 자기자신을 합성해서 증가시키면서 주위로 퍼져나간다. 또한 활성인자는 억제인자도 동시에 만들어낸다.

억제인자는 활성인자의 증가를 억제한다. 대신에 확산속도는 매우 빠르다. 그래서 그 확산속도의 정도에 의해 다양한 문양을 만든다.

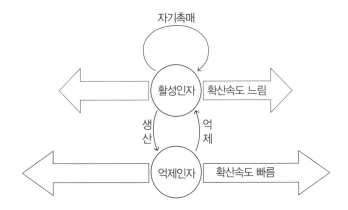

토끼는 활성인자에 해당하여 스스로 증식하며, 또한 억제인자인 늑대도 먹여 살리고 있다. 그리고 토끼는 늑대보다 느리기 때문에 늑대에게 잡아먹힌다. 처음에 아무 것도 없는 곳에 활성인자 A(토끼)라는 물질이 있다고 하자. 그럼 활성인자 A는 주위의 재료를 이용해 자기 자신을 증가시킨다. 증가된 활성인자는 이제 주위에 억제인자 B(늑대)도 생산해 낸다.

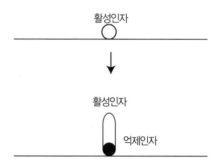

억제인자는 활성인자보다 빠른 속도로 주위로 퍼져나간다. 이제 주위의 억제인자에 의해 활성인자도 더 이상 증가하지 못하고 그 상태에 머물게 된다. 이런 상황이 이곳 저곳에서 다발하게 되어 그림과 같은 문양이 얻어지는 것이다.

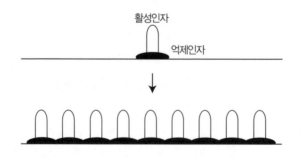

: 인간의 마음

인간의 마음을 형성하는 뇌내 신경전달물질에도 뇌를 흥분시키는 물질과 억제시키는 물질이 같이 작용하고 있다. 그래서 우리는 이 두 물질의 균형에 의해 미묘하게 평정심을 유지하게 된다.

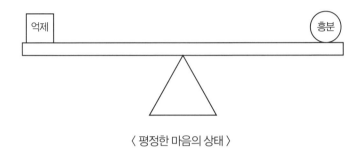

〈 평정한 마음의 상태 〉

하지만 여기에 커피나 마약 등을 먹어서 인위적으로 흥분상태에 들어가면 뇌는 일시적으로 흥분에 빠지지만, 곧 억제물질을 그만큼 더 만들어내어 다시 평상심으로 돌아오게 한다.

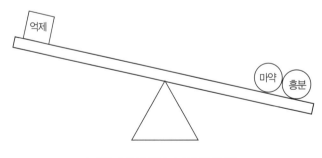

〈 마약에 의한 흥분과 황홀한 상태 〉

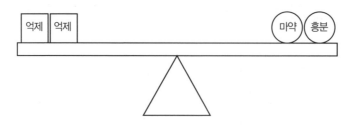

〈 마약의 효과를 억제하는 억제제 자체 증가 〉

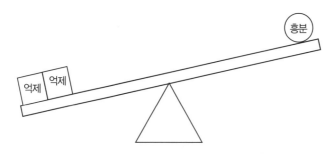

〈 마약이 없을 때 과도한 억제제에 의한 금단현상 발생 〉

하지만 마약을 습관적으로 복용하여 이런 상태가 계속 반복되면, 이제 뇌는 마약도 뇌 안의 흥분성 물질로 간주하여 늘 억제물질을 많이 만들어내는 상태로 변하게 된다.

그래서 마약을 먹어도 특별한 흥분상태가 되지 않는다. 그래서 더 많은 마약을 먹어야만 흥분을 맛보게 된다. 이런 식으로 뇌 안에는 억제물질이 점점 증가하게 된다.

그래서 마약을 끊게 되면 뇌는 너무 과도하게 억제되어 우울해지는 금단증상을 보이게 되는 것이다. 이 금단증상을 참지 못하고 마약중독자들은 다시 더 많은 마약을 찾게 되는 악순환에 빠지는 것이다.

하지만 마약류의 약품은 독성이 강하기 때문에 몸은 점점 쇠약해지고 병들게 되는 것이다. 마약만이 아니고 사람들은 기분이 좋아지는 흥분성 기호식품, 담배나 술 등을 찾는다.

또는 기분파의 성격도 있고 냉정하고 차분한 성격도 있다. 이런 성격의 차이도 아마 뇌 안의 흥분과 억제성 호르몬의 분포 상태에 의해 결정 되는지도 모르겠다.

인간의 성격이나 사고패턴도 흥분성 호르몬과 억제성 호르몬이 만들어내는 점박이 패턴이나 줄무늬 패턴으로 해석할 날이 올지도 모를 일이다.

아무튼 이렇게 우리 주변에서 볼 수 있는 다양한 변화들에도 수학적 규칙성이나 법칙이 숨어있다. 우리가 그 법칙을 찾아냄으로서 우리는 변화의 패턴을 더 정확히 이해할 수 있다.

6장

변화의 모습

: 변화란 무엇인가?

　변화의 시대가 되면서 이제 사람들은 변화에 대한 이해와 변화에 대한 적응, 변화를 통제하는 문제 등에 직면하게 되고, 변화를 과학적으로 수학적으로 분석하는 방법이 무엇이냐는 문제도 조금씩 고민하게 되었을 것이다.

　존재의 수학에서는 존재의 양이 얼마인지 수로 표현하고 존재의 형태가 어떠한지 도형으로 나타낼 수 있었다. 그렇다면 변화에 대한 수학은 어떠한 것이 될까?

　만일 독자 여러분이 변화에 대한 수학을 만든다면 어떻게 만들어야 할 것인지 한번 고민해보는 것도 좋을 것이다. 변화의 수학에 들어가기 전에 우리는 먼저 변화가 무엇인지 진지하게 근본적으로 이해할 필요가 있다.

　시간이 흐름에 따라 세상의 존재와 상태는 조금씩 조금씩 변하고 있다. 변한다는 것은 과거의 상태와 현재의 상태 그리고 미래의 상태가 각기 달라진다는 것을 의미한다.

　과거의 상태나 현재의 상태가 똑같다면 우리는 변화를 느끼지 못한다. 변화란 것은 무언가 달라졌음을 의미한다. 그 무언가는 단순하게 위치부터 시작해서 모양, 색, 크기 등 여러 가지 속성이 있다.

　아이들은 시간이 갈수록 키도 커지고, 둥글둥글한 귀여운 얼굴 모양에서 점점 각지고 늠름하고 의젓한 얼굴모양으로 점점 달라진다. 변화란 한마디로 변하지 않는 것 중에서 무언가 하나나 둘 정도가 달라지는 것을 말한다.

변화란 변하지 않는 것을 먼저 전제로 한다는 점을 알아두자. 모든 것이 확 달라진다면 우리는 변화라고 느끼기도 전에 혼란을 느끼고 당황하게 된다.

변화의 정도를 생각한다면 전혀 변화가 없는 정적 존재로부터 무한한 변화가 일어나는 카오스 상태까지 생각할 수 있다. 우리가 통상적으로 말하는 변화는 정적 존재와 카오스의 중간상태 즉 변하지 않는 것 중에서 약간의 변화가 일어나고 있는 상태의 것을 말한다고 할 수 있다.

정적 존재 → 변화 → 카오스

하지만 이는 변화에 대한 표면적인 이야기에 불과하다. 변화의 안쪽, 변화의 원리를 생각해보자. 도대체 변화란 것은 어떻게 일어나는 것일까?

앞에서 본 것처럼 변화는 에너지가 가해져야만 일어나는 것이다. 화약이 처음에 사용된 변화의 원동력이었다. 우주가 뜨거운 빅뱅으로 시작된 것처럼 에너지의 폭발이 모든 변화의 시작이다. 그리고 그런 에너지의 폭발은 대칭적이다.

: 변화의 대칭성

아무 것도 없는 무(無)에서 유(有)가 갑자기 생겨날 수 없듯이 아무런 변화도 없는 정적인 고요한 세계에서 갑자기 어떤 변화가 홀로 생겨나지는 않는다.

예를 들어 광활한 우주공간에 혼자 둥둥 떠 있는 우주인을 생각해 보자. 이 우주인은 아무리 발버둥치며 우주공간을 헤엄쳐 움직이고 싶어도 전혀 움직일 수가 없다.

아무 것도 없는 우주공간에서 우주인 혼자서는 그 어떤 변화도 일으킬 수 없는 것이다. 변화는 적어도 둘 이상을 필요로 하는 셈이다. 변화는 늘 대칭적으로 쌍으로 일어나기 때문이다.

우주인이 우주공간에서 움직이고자 한다면 무언가 상대방이 있어야만 한다. 그 상대방에게 힘을 작용해야만 그 작용이 원인이 되어 반작용의 결과로서 비로서 움직일 수가 있다. 뉴턴이 말하는 운동의 제3법칙이 바로 작용반작용의 법칙인 것이다.

앞에서 이야기 한 것처럼 화약을 폭발시키면 그림처럼 화약은 사방팔방으로 폭발해 날아간다. 이렇게 변화란 것은 지극히 대칭적인 것이다. 그래서 이런 화약의 폭발성은 위험하고 그다지 효용성도 없다.

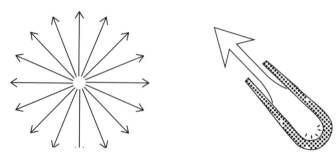

〈 사방으로 흩어지는 힘과 한곳으로 집중된 폭발력 〉

　사방으로 흩어져버리는 폭발성을 한곳으로 집중할 수가 있다면 보다 큰일을 할 수 있는 힘을 발휘할 수도 있을 것이다. 그래서 대포라는 것이 발명되었다고 말했다.

　대포란 사실은 사방으로 폭발하는 화약의 에너지를 한곳 즉, 포구 쪽으로 집중시켜 포탄을 멀리 날리는 그런 기구이다. 대포를 쏠 때도 대포알이 멀리 날아가는 대신에 대포도 약간 뒤로 밀리게 된다.

　대포알은 대포에 비해 상대적으로 가볍기 때문에 멀리 날아갈 수 있고, 대포는 매우 무겁기 때문에 약간만 뒤로 밀리는 것뿐이다. 대포알을 발사하기 위해 대포 안에서 폭발한 화약은 대포알만 밀어내는 것이 아니고 대포도 반대방향으로 밀어내는 것이다.

　이렇게 대포알이 날아가기 위해서는 대포를 반대방향으로 밀어내지 않으면 안된다. 즉 대포알도 대포 없이 자기 혼자서는 결코 날아가지 못하는 것이다.

　변화가 겉으로 보기에는 비대칭적으로 일어나는 것 같지만 자세히 분석하면 모든 변화는 본질적으로 대칭적이라고 말할 수 있는 것이다.

이는 사회적 역사적 현상에서 일어나는 변화도 마찬가지다. 독불장군 없다고 사회 속에서 어떤 일개인이 혼자서 이리 뛰고 저리 뛰며 세상을 바꿔보고 싶지만 결국 자신만 지치고 만다.

따라서 어떤 변화를 일으키고 싶다면 혼자서 하려고 하지 말고 대칭적인 상대방을 모색할 필요가 있다. 그런 상대방으로 다수의 대중을 끌어 모아야 한다.

다수의 대중은 사회적 에너지를 응축시켜 어떤 사람을 마치 대포알처럼 높이 쏘아 올려 명성을 높여주는 것이다. 그렇게 역사의 영웅이 등장하는 것이다.

애플 컴퓨터의 잡스(Steven Paul Jobs, 1955-2011) 한사람의 명성을 높여주기 위해 그의 친구 워즈니악(Stephen Gary Wozniak, 1950-)은 손해를 볼 수도 있고, 그 주변사람들의 희생을 필요로 하기도 한다.

잡스의 명성에 비해 그 주변사람들은 이름도 없이 역사 속에 묻히고 잊혀지는 것이다. 역사 속에 남은 한사람의 영웅을 위해 그 영웅의 주변은 역사 속에서 희생당해주는 것이다.

그런 희생자가 없다면 영웅도 없는 셈이다. 영웅과 독재적 폭군의 차이는 다수 군중의 희생이 자발적이었는가 강제적이었는가의 차이라고도 말할 수도 있다.

어째든 역사 속에 기록된 세상을 변화시킨 영웅이나 독재자의 명성은 바로 다수 대중들의 희생이 있었던 것이라고 말할 수 있다. 우리가 어떤 변화를 볼 때는 그 변화가 일어날 수 있게 뒷받침이 된 무대도 바라보며 이해할 수 있어야한다.

〈영웅을 키우지 않는 한국사회〉

한국 사회에서는 한사람의 영웅을 키우지 못한다. 한국에서는 결코 스티브 잡스 같은 영웅은 태어나지 못한다. 김대중(金大中, 1998-2003) 대통령 같은 세계적인 인물도 우리는 영웅으로 키우지 못했다.

한국인들은 모두가 자기 잘난 맛에 하늘 높이 솟아오르는 포탄이 되려고만 한다. 자신을 희생해서 남을 쏘아 올려주는 대포로서 희생자가 되려고 하는 사람은 찾기 힘들다.

한국인들은 아무도 대포의 역할을 하지 않고 모두 하늘로 솟아오르는 대포 알의 역할만 하려고 하기 때문에 마치 대포알들처럼 극단적인 분열만 있을 뿐이다.

대포는 대포알을 쏘아올리는 시스템이다. 사회적으로 영웅을 쏘아 올려줄 대포라는 시스템, 다수 대중이 한사람의 영웅을 위해 시스템적으로 발판의 역할과 참모의 역할을 해주려는 희생정신이 없다.

대포를 만들고 에너지를 응축해서 한사람의 영웅을 높이 쏘아 올려야 하는데 그렇게 하지를 못한다. 모두가 대포알만 되려고 하니까 말이다.

진보가 진정 진보하고 싶다면 즉 대포알처럼 하늘높이 솟아오르고 싶다면 보수층을 대포라는 시스템으로 삼아야 한다. 보수층이 진보를 위해 희생할 수 있도록 설득해야만 한다.

진보와 보수가 같은 조건, 같은 상태로 부닥치면 서로 반발할 뿐이고, 그나마 있는 에너지로 사이는 더 멀어질 뿐이다. 한국사회의 진보와 보수의 극한 대결이 바로 그 살아있는 본보기다.

극좌화 ← 진보   보수 → 극우화

지금 한국 사회는 진보와 보수가 이렇게 대립함으로 서로 극좌, 극우화로 치달을 뿐이다. 진보가 극좌화가 아닌 진정한 진보를 원한다면, 보수층이 대포의 역할을 할 수밖에 없도록 만들어가야 한다.

둥글둥글한 대포알 같은 보수층을 대포의 포신처럼 오목한 그릇이 되도록 만들어야 하는 것이다. 그리고 보수층을 두텁게 만든다. 진보세력은 적고 보수세력은 많아야 한다.

미국인이 모두 스티브 잡스였다면 스티브 잡스는 태어나지 못한다. 대부분의 미국인들은 스티브 잡스와 반대의 입장을 취한다. 스티브 잡스만이 혁신적인 입장을 취하는 것이다.

미국사회에서 이런 일이 가능한 것은 그 사회가 그만큼 안정된 사회이기 때문이다. 안정된 나라는 보수층이 두텁고 극소수의 사람만이 진보적이고 혁신적인 생각을 하는 것이다.

반면 한국사회는 늘 불안정하기 때문에 긍정적으로 보수적인 사람들보다는 부정적으로 보수적인 사람들만 많고 그런 불안한 상황을 벗어나고자 발버둥치는 악착같은 아줌마들 치맛바람이 설치게 되는 것이다.

: 변화의 과정

앞에서 변화는 대칭적이라고 말했다. 이는 변화를 공간적 측면에서 바라본 것이다. 그럼 변화를 시간적 측면에서 본다면 변화의 본질은 무엇일까? 그것은 바로 인과율이다.

변화의 공간적 측면 즉 대칭성을 연구하는 수학으로는 군론을 들 수 있다. 군론은 한마디로 변화의 모든 가능성을 연구한다고 말할 수 있는 것이다. 따라서 변화의 공간성에 대한 이야기는 방정식과 군론이란 책에서 다루기로 하자.

반면 변화의 시간성 즉 인과율은 이 책의 주제인 함수와 깊이 관련되어있다. 그래서 우리는 변화의 시간성인 인과율에 대한 이야기를 해보자.

처음 대칭적인 폭발이 태초의 원인이 되어 다음에 일어나는 변화는 모두 인과율의 법칙을 따라서 일어난다. 뉴스를 들어보면 세상 이곳저곳에서 종종 어이없는 사건 사고가 터지기도 한다.

사람들은 그런 사고가 나면 그 사고를 일으킨 최초의 원인을 찾아내려고 한다. 원인을 찾아내야 다시 똑같은 사고가 발생하는 것을 막을 수 있기 때문이다.

화재사건이 나면 소방관들은 불을 끈 다음에는 잿더미 속의 화재 현장에서 그 화재의 원인을 찾아내는 작업에 들어간다. 화재 현장의 목격자들의 목격담을 들어보고, 불이 번져나가는 방향, 가장 많이 탄 곳 등을 찾으며 불이 시작된 지점을 먼저 찾아야 한다. 그리고 그곳에서 무슨 원인으로 불이 나기 시작했는지 증거를 찾는다.

전기누전인지, 난로 과열인지, 석유 등을 뿌린 방화인지 화재의 원인을 찾아내야만 화재사고를 수습할 대비책을 찾아내고 보험금 액수도 정할 수 있고 화재가 다시 일어나지 않도록 예방책도 만들게 된다.

이처럼 인간 활동의 대부분은 원인을 찾아내는 일이라고 말할 수도 있다. 모든 사건에는 반드시 그 원인이 존재한다. 원인이 없는 사건은 있을 수 없다. 원인에 의해 어떤 변화가 일어나기 시작하고 우리가 맞딱 들이는 사건이라는 결과가 생긴다.

우리는 이렇게 원인으로부터 결과가 나타나는 것을 통틀어 그냥 변화라고 말하기도 한다. 이렇게 우리가 변화를 자세히 눈여겨 살펴보면, 변화는 순차적으로 차근차근 진행된다. 즉 원인과 결과의 연쇄로서 변화가 일어나는 것이다.

우리는 변화 그 자체를 볼 수는 없다. 우리가 볼 수 있는 것은 변화의 시작인 원인과 변화의 끝인 결과일 뿐이다. 예를 들어 영화의 필름은 여러 가지 연속동작이 필름 한 장 한 장에 찍혀있다. 이 필름을 돌리면 연속적으로 변하는 동작을 보게 되는 착각을 할뿐이다.

결국 우리가 본 것은 처음의 동작과 마지막 동작들의 불연속적인 순서쌍을 본 것이지 연속적인 변화 그 자체를 본 것이 아닌 것이다. 인간의 눈이나 뇌는 연속적인 정보를 처리할 능력이 없기 때문이다.

실제로 뇌를 다친 환자 중에는 변화 그 자체를 전혀 느끼지 못하는 사람도 있다. 이 사람은 달리는 자동차를 보면 멈춰 있는 자동차가 순간순간 자신에게 다가오는 것처럼 느낀다고 한다. 그래서 길을 걸을 수가 없다는 것이다.

우리가 변화를 느낄 수 있는 것은 원인과 결과의 필연적인 사슬을 한 줄로 이어서 기억하기 때문이다. 만일 뇌를 다쳐서 이런 사슬을 기억하는 기능이 사라지면, 우리는 순간순간 존재하는 사물만 느끼게 될지도 모른다. 사진 속의 세상이 되는 것이다.

　실제로 단순한 카메라와 비디오카메라의 차이도 여러 장면을 한 장한 장의 필름에 기록하느냐 이어진 필름으로 기록하느냐의 차이일 뿐이다.

원인 → (원인, 결과) → (원인, 결과) → (원인, 결과) → 결과

　인과의 법칙을 실감나게 보여주는 것으로 도미노(Domino)가 있다. 처음 하나의 도미노가 쓰러지는 것이 원인이 되어 다음 도미노가 쓰러지는 결과를 낳고 그것이 원인이 되어 다음 도미노를 쓰러뜨리는 과정이 연속적으로 반복된다.

　이것을 보면 인과율은 국소성을 가진다는 것을 알 수 있다. 원인이 공간적으로 바로 곁에 있는 것에 영향을 주기 때문이다. 이렇게 인과율은 시공간이 기본전제가 되어서 성립하는 법칙이다.

　원인과 결과는 공간적으로 가까이 연속되어 있고 시간적인 순서대로 차례차례 원인→결과의 과정이 계속 되어 가는 것이 변화의 과정이다.

7장

동양에서의
변화

: 동양의 자연

변화에 대해 더 민감하게 느끼고, 그에 대해 주목했던 사람들은 서양인들보다 동양인들이 먼저였다. 서양에 비해 변덕이 심한 몬순기후대인 동양은 숲이 더 우거지고, 자연의 변화가 서양보다 훨씬 더 역동적이고 다양하다.

〈 존재감이 뚜렷한 그리스의 자연 〉

서양의 자연은 존재가 뚜렷이 부각된다. 즉 하얀 대리석과 푸른 바다와 하늘의 대조는 누가 보아도 존재감을 확실하게 느끼게 해준다. 그래서 서양인들은 존재가 무엇인지 계속 의문을 갖게 되었는지도 모른다.

하지만 동양의 흐릿한 농담의 변화가 연속되는 자연은 존재감을 느끼게 하기보다는 변화 무쌍한 역동성을 느끼게 한다. 그런 변화에 순응하고 조화를 이루지 못한다면 존속하기 어렵다.

〈 연속적인 변화를 표현하는 동양의 산수화 〉

일시적인 딱딱한 존재보다는 영속적 존재가 되기 위해서는 변화에 대응하여 구렁이 담 넘어가듯이 처세술이 좋아야 한다. 그래서 동양인들은 일찍부터 변화의 총체적인 모습을 파악해야만 했다.

중국인들은 새옹지마(塞翁之馬)란 말을 즐겨한다. 세상사에서 나쁜 일이 꼭 나쁜 것만도 아니며, 좋은 일이 꼭 좋은 것만도 아니라는 것이다. 변화의 전체를 보지 못하면 안된다는 것을 일러주는 대표적인 말이다.

이렇게 변화를 전체적으로 이해하고자 하는 노력이 집대성되고 체계화되어 나타난 것이 바로 주역(周易)이다. 주역은 영어로 변화의 책(The Book of Change)으로 번역된다.

서양인들이 변화를 분석적으로 이해하고자 했기 때문에 함수라는 것을 만들어냈지만, 동양인들은 변화를 전체적으로 이해하기 위해 주역을 만들어내었다고 말할 수 있다.

: 변화의 철학 음양론

동양인들은 일찍이 변화의 본질을 파악하고 있었다. 변화는 양에서 시작되어 음으로 끝나며, 다시 음에서 양으로 되돌아가서 변화는 계속된다고 보았다.

예를 들어 물은 높은 산에서 낮은 계곡의 강으로 그리고 결국 바다로 흘러간다. 그래서 산은 양이고 바다는 음이다. 그리고 바다의 물은 태양열에 의해 수중기로 증발하여 하늘로 올라간다.

그리고 바람을 타고 다시 산꼭대기로 가서 구름이 되고 비가 되어 내린다. 이렇게 동양인에게 변화란 양에서 음으로 그리고 다시 음에서 양으로 이동함으로서 계속 순환하는 것이다.

동양인들은 양에서 음으로 기(氣)라는 것이 흘러감으로서 조용히 변화가 일어난다고 생각했다. 양은 그 기를 모두 발산함으로서 드디어

〈 천원지방의 사상 〉

소멸한다.

그리고 음은 그 기를 모두 받아들이고 드디어 양으로 변한다. 이것이 음과 양의 순환이다. 중국인들은 고대로부터 양기의 대표를 하늘로 보았고, 둥근 모습으로 상징하였다.

반면 땅은 음기의 대표이며, 네모로 상징하였다. 오늘날 지구의 모습은 둥글다는 것이 밝혀졌지만, 고대 중국인들에게 땅은 네모로 보인 모양이다.

또한 양은 그 기를 밖으로 발산하는 동(動)적인 성질의 것이며, 반대로 음은 기를 안으로 받아들여 머무르는 정(靜)적인 것이다. 이것을 다음 그림으로 표현해 보았다.

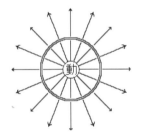 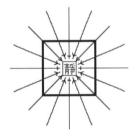

〈 양과 음에 대한 동적, 정적인 이미지 〉

그림에서 보듯이 움직이는 것은 늘 사방 팔방으로 확산해 나간다. 움직임이란 작용은 늘 반작용을 수반해야만 가능한 일이기 때문이다. 반면 정적인 것은 힘의 균형이 이루어진 것이다.

: 음양의 분화

태초에 태극이 음양으로 분열한 뒤에 다시 음양은 재 분화를 하여 사상(四象)을 낳는다. 사상이란 태양(太陽), 소음(少陰), 소양(少陽), 태음(太陰)을 말한다.

양은 양속에 또 양을 품은 태양과, 음 중에 양이든 소음으로 분열한다. 아침에 해가 막 솟아오를 때, 차가운 아침의 음기 속에 밝은 양기의 태양이 떠오르는 상태가 바로 소음인 것이다.

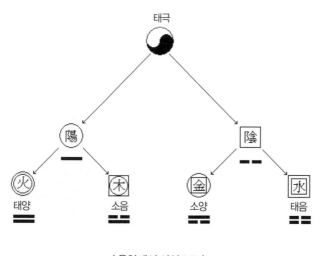

〈 음양에서 사상으로 〉

속에서 양기가 뻗어 나오면서 음기가 작아지기 때문에 소음이라고 부르는 모양이다. 반면 저녁놀의 태양은 양기 속에서 작아지며 사라지기 때문에 소양으로 부른다.

이 사상을 구체적인 사물에 대응시켜 불(火)을 양 중의 양 태양이라 하고, 물(水)을 음 중의 음 태음이라 하며, 나무(木)는 음 중에 양을 품고 있기에 소음, 금속(金)은 소양, 그리고 흙(土)을 음과 양이 뒤섞인 상태로 대응시켜 오행론으로 변한다.

오행은 우주 만물의 변화 상을 설명한다. 즉 처음에 불은 속에서 뜨거운 양이 타오르며 밖으로 열기를 내뿜기 때문에 겉도 뜨겁다. 그래서 태양이다. 하지만 시간이 갈수록 속의 양기를 다 소진하고 속에서부터 식어가기 시작한다.

즉 태양은 소양으로 변한다. 소양은 결국 겉의 양기도 모두 소진하여 바깥도 음으로 변해 태음이 된다. 이렇게 태음이 되면 이제 밖으로부터 양기를 받아들일 수 있는 상태인 것이다.

그렇게 태음은 양기를 받아들여 안쪽으로 계속 양기를 쌓아간다. 양기가 적당히 모이면 내부의 음은 양으로 변하여 소음이 된다. 소음은 계속 양기를 받아들여 바깥쪽도 양으로 변해 태양이 된다. 이렇게 사상은 순환하게 되는 것이다.

이런 사상의 순환이 변화의 기본 법칙의 하나라고 말할 수 있다. 또한 오행의 관계를 유추함으로서 더 다양한 변화를 이해하게 된다. 수생목(水生木)으로 물은 태음으로 양기를 잘 흡수하는 성질을 가진다.

그래서 물이 나무에 흡수되면, 나무는 태양 빛을 받아서 내부에 영양분으로서 양기를 축적하게 되며 나무는 잘 자라는 것이다. 반면 수극화(水剋火)는 태음인 물이 태양인 불을 직접 만나면 태양의 양기를 순식간에 흡수해서 불을 죽인다.

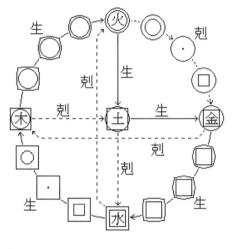

〈 오행 상생 상극도 〉

금생수(金生水)로 금속인 소양은 밖은 번쩍이며, 불꽃도 튀기는 양의 성질을 가지고 있지만, 안은 아주 단단하고 차가운 음의 성질을 가지고 있다.

그런 내부의 음의 성질 때문에 금속은 쉽게 차가워지고 이슬이 잘 맺힌다. 즉 금속이 물을 만들어낸다고 말할 수 있는 것이다. 반면 금극목(金剋木)으로 쇠도끼는 밖의 날카로운 양기로 나무의 겉의 딱딱함을 찍어내어 나무를 죽인다.

: 8괘에서 64괘

사상에 다시 음양을 더해 팔괘(八卦)가 된다. 팔괘는 보다 구체적인

대상이 된다. 태양은 건(乾, ☰, 하늘), 태(兌, ☱, 연못)가 되고, 소음
(☳)은 이(離, ☲, 불)와 진(震, ☳, 벼락)이 된다. 소양(☴)은 손(巽, ☴,
바람)·감(坎, ☵, 물)이 된다. 태음은 간(艮, ☶, 산), 곤(坤, ☷, 땅)이
된다.

팔괘도 사상처럼 서로 생극의 관계가 있다. 하늘은 바람을 낳고, 바
람은 비를 몰고 온다. 연못은 산을 뒤집어 놓은 것으로 반대다. 즉 안
은 음이고 밖은 양이 연못이다.

바람은 움직이기 때문에 양이지만 바람을 맞고 나면 추워지는 것으
로 내부에 음이 숨겨져 있다는 의미다. 산의 산자락은 음이고 꼭대기
는 움직이므로 양이다.

땅은 산을 만들고 또한 습기를 모아 벼락도 만든다. 벼락은 밖이
음이고 안에 양의 불이 들어있다. 그래서 벼락이 치면 불이 붙기도
한다.

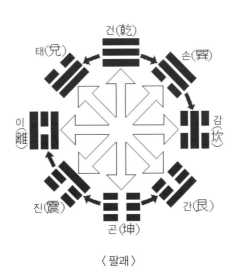

〈 팔괘 〉

하지만 8괘만으로는 천지만물의 변화상을 다 표현할 수 없어 8괘 둘을 조합하여 64괘를 만든다. 64괘는 인간이 살아가면서 겪을 수 있는 큰 변화들을 상징한다고 말할 수 있다.

이런 식으로 중국인은 우주의 탄생과 그 변화의 원리를 태극 음양론으로 설명하려고 한다. 하지만 논리적 근거가 매우 부족하고, 애매한 점이 많다. 그래서 후대로 갈수록 점술로 변질되어버렸다.

이렇게 동양의 변화의 철학은 처음에는 매우 체계적으로 시작되었지만 나중은 애매한 해설이 난무하고 점술과 미신으로 타락해 버렸다.

8장

변화의 수학

기능F

원인
$f(x) = y$
결과

: 변화의 수식

원인에서 결과를 만들어내는 변화의 과정을 어떻게 수학적으로 표현하면 좋을까? 어떤 x가 y로 변한다고 해보자. 그렇다면 그것을 다음과 같이 간단히 표현할 수 있을 것이다.

$$(원인) \; x \; \Rightarrow \; y \; (결과)$$

여기서 x가 그냥 y로 변한다고 하기에는 뭔가 부족하다. 그래서 어떤 기능 f에 의해서 변한다고 하면 더 확실할 것이다. 그런 내용을 다음과 같이 표현하기로 했다.

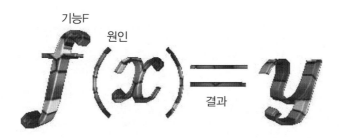

이렇게 x를 y로 변화시키는 기능 f를 함수라고 이름짓기로 한 것이다. 이제 우리는 그 어떤 변화도 이런 간단한 수식하나로 표현할 수 있게 된 것이다.

이제 이 수식을 출발점으로 해서 우리는 변화를 수학적으로 엄밀하게 분석하고 이해할 수 있게 된 것이다. 그런데 이미 함수의 아이디어는 원시시대의 사람들도 가지고 있었다.

함수의 기원을 찾아 올라가다 보면 우리는 저 멀리 원시시대까지 올라갈 수도 있다. 인류가 아직 수를 발명하기 전에는 돌멩이 등의 대리적인 사물을 사용하여 사물의 수를 파악했다고 앞에서도 말했다.

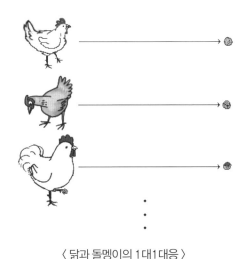

〈 닭과 돌멩이의 1대1 대응 〉

즉 바로 일대일 대응이라는 간단한 함수를 사용하는 것이다. 그림과 같이 키우고 있는 닭의 수를 알기 위해 닭 한 마리마다 작은 돌멩이 따위를 1대1로 대응시킨다.

이렇게 해놓으면 이제 언제든지 닭이 불어났는지 줄어들었는지 돌멩이를 보면 알 수 있게 된다. 필요하면 1대1 대응을 시켜놓았던 돌멩이들을 꺼내어 다시 1대1 대응을 해보면 되는 것이다.

돌멩이가 남으면 닭이나 양이 줄어든 것이고 돌멩이가 부족하면 닭이나 양이나 새끼를 낳았거나 해서 불어난 것이기 때문이다. 하지만 돌멩이는 무겁고 귀찮기 때문에 더 편리한 수단이 필요하다.

그래서 숫자가 발명된다고 설명했다. 이제 돌멩이를 숫자에 1대1 대응시킴으로서 돌멩이가 없어도 바로 닭의 수를 알 수 있는 것이다. 이는 바로 합성함수의 발상이기도 하다. 이렇게 원신인들은 수가 발명되기도 전에 이미 함수나 합성함수를 잘 활용하고 있었던 것이다.

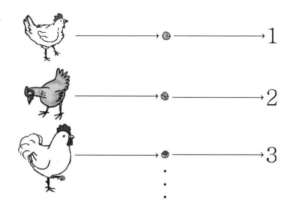

다만 그들은 그것을 함수라는 수학적 개념으로는 의식하지 못했을 뿐이다. 이처럼 자연스럽게 사용하고 있었던 함수를 의식적으로 수학의 개념으로서 사용하기까지는 좀더 많은 시간이 흘러야 했다.

인간 문명의 발달은 이미 자연 속에 있는 것을 자연스럽게 사용하거나 무의식적으로 사용하고 있는 것을 적극적으로 의식함으로서 이루어진 셈이다. 무언가를 의식한다는 것은 그래서 중요한 일이다.

앞에서도 말한 것처럼 세상은 조용한 존재의 시대에서 대항해시대라는 변화의 시대를 맞이하고 있었다. 유럽에서 터진 전쟁 때문에 대포알이 정확히 어떻게 날아가는지 군인들은 이해할 필요를 느끼고 있었다.

운동과 변화를 분석하고 해석할 방법을 찾아야 했다. 그렇다고 수학자들이 의식적으로 변화를 분석할 수학을 처음부터 만들어낸 것은 아니다.

당장의 현실적 필요에 따라서 번뜩 떠오르는 아이디어가 하나둘 모이고 다듬어지면서 함수라는 개념이 점점 등장하고 변화를 표현하는 개념으로 정착되어간 것이다.

: 함수의 등장

1673년 함수(function)라는 용어를 수학적으로 처음 사용한 사람은 독일의 수학자 라이프니츠(G. W. von Leibniz, 1646‐1716)이다.

라이프니츠는 스위스 수학자 베르누이(Johann Bernoulli, 1667‐1748)에게 보내는 편지에 함수를 설명하고 있다. 즉 함수란 어떤 곡선의 한 점에서 곡선의 기울기 즉 접선이라는 것이다.

그리고 그것을 곡선 상의 점 x에 대해 기호 x_1, x_2 등으로 나타내었다. 즉 처음부터 라이프니츠가 변화를 수학적으로 표현하고자 함수라는 용어를 도입했던 것은 아니다.

다만 당시에 곡선의 접선을 구하는 문제가 중대한 수학적 문제로 자주 등장하고 있었기 때문에 그것을 가르킬 적당한 용어로서 함수라는

말을 사용하게 된 것뿐이다.

1718년 베르누이는 함수의 기호로서 **φ**x를 그의 논문에 사용한다. 1734년경에는 프랑스의 천재 수학자 클레로(Alexis Claude Clairaut, 1713-1765)나 스위스의 위대한 수학자 오일러(Leonhard Euler, 1707-1793)는 오늘날 우리가 사용하고 있는 함수 기호 f(x)를 처음으로 사용하였다.

1745년에 오일러는 상수와 변수의 조합으로 이루어진 해석적 수식으로 함수를 정의하였다. 즉 오일러가 본격적으로 변화를 수학적으로 표현하는 개념으로서 함수를 생각하기 시작한 것이다.

1823년 프랑스 혁명기의 수학자 코시(Baron Augustin Louis Cauchy, 1789~1857)는 독립변수라는 용어를 도입하고 독립변수의 값이 정해질 때 그에 종속되어 값이 정해지는 것으로 오일러보다 더 명확하게 함수를 정의하였다.

1837년 독일의 수학자 디리클레(Peter Gustav Lejeune Dirichlet, 1805~1859)는 함수를 푸리에급수로 나타낼 수 있다는 연구 논문 중에 함수를 반드시 수식으로 표현하지 못하는 것도 함수로 인정함으로서 함수를 대응의 개념으로까지 확장했다.

이처럼 함수라는 개념은 시대적 변화와 세계관의 변화를 통해 3대에 걸친 위대한 천재 수학자들에 의해 다듬어지면서 도입된 수학의 중요한 개념의 하나인 것이다.

뉴턴과 라이프니츠에 의해 시작된 미분적분학의 급진적인 발달로 함수개념은 해석학의 가장 기본적인 개념으로서 그 위치를 확실하게 자리 잡는다.

: 함수는 상자 속의 수?

함수(函數)를 한자로 쓰면 상자(函)의 수(數)가 된다. 이게 무슨 의미일까? 함수를 설명하는 수학 책을 보면 다음과 같이 내부를 알 수 없는 상자 속에 어떤 수 x를 넣으면 상자 안에서 어떤 작용을 받은 다음에 y로 변해서 나오는 것을 함수라고 설명한다.

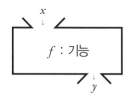

x

f : 기능

y

하지만 대부분의 학생들은 이런 함수의 설명을 쉽게 이해하지 못한다. 상자를 이용한 함수개념의 설명은 너무 형식적이고 그다지 실감나지 않기 때문이다.

이런 딱딱한 설명법이 등장하게 된 것은 아마도 역사적으로 서양수학이 동양에 급하게 전해지는 과정에서 함수라는 한자용어가 등장하게 된 것과 관련이 있는지도 모른다.

〈 중국전함을 공격하는 영국의 강철전함 네메시스호 〉

때는 1840년 아편전쟁에서 중국이 대패하면서 영국을 비롯한 서구열강은 중국으로 밀려들어온다. 이때 서양의 여러 문물과 함께 서양

수학도 중국에 전해지게 되었다.

전쟁에 패한 중국인들은 자신들이 세계의 중심이요 문화선진국이라
는 자부심이 무너지는 충격을 받아야 했다. 그 충격을 극복하고 서양
오랑캐를 물리치기 위해 중국의 지식인들은 서양의 강대한 힘의 근원
이 무엇인지 알아내고자 했다.

그래서 서양의 여러 과학서적, 철학서적들을 번역하고 수학책도 중
국어로 번역하는 사업에 착수한다. 하지만 중국인들은 여전히 자신들
이 서양인들보다 더 우월하다고 자부하며 중체서용이라는 구호아래
서양문물을 받아들인다.

1853년 중국 청(淸)나라의 수학자 이선란(李善蘭, 1810- 1882)은 상
해에 있는 영국의 선교사 와일리(Alexander Wylie, 1815-1887)의 도움
을 받아 서양의 과학책, 수학책들을 중국어로 번역하였다.

〈 이선란 〉

〈 와일리 〉

이때 이선란은 함수(函數), 상수(常數), 변수(変數), 대수(代數), 계수
(係數), 지수(指數), 단항식(單項式), 다항식(多項式), 미분(微分), 적분
(積分), 횡축(橫軸), 종축(縱軸), 곡선(曲線) 상사(相似) 등의 중국 번역어

를 만들어냈다.

이선란은 펑션(function)을 중국어의 발음과 비슷한 함수(函數 ; 한쓔)라는 말로 번역했다고 한다. 이선란이 처음에 함수를 공부하면서 아마도 상자 속에서 값이 변하는 것이 함수라고 이해한 모양이다.

	서양	중국
변수	x, y, z,…	天, 地, 人,…
상수	a, b, c,…	甲, 乙, 子,…
함수	$y = f(x)$	地 = 函(天)

이렇게 서양 수학에서 등장한 함수개념이 드디어 변화를 그렇게 싫어한 동양에도 전해졌다. 하지만 변화를 싫어한 동양인들은 변화를 수학적으로 표현하는 함수라는 개념을 잘 이해하지 못한 상태였다.

서양의 지식을 글자만 그대로 번역해서 들여온 까닭이다. 함수를 제대로 이해하려면 함수가 등장할 수밖에 없었던 시대적인 배경을 먼저 이해해야하는 것이다.

: 새수학 운동

중국 청나라 수학자들은 아편전쟁에 패한 충격으로 서둘러 서양 수학을 도입하기로 한다. 그러면서 함수라는 번역어를 만들어낸 것처럼 우리는 의미도 잘 알지 못한 상태에서 중학생들에게 함수를 가르쳐야

하는 새수학(New Mathematic) 운동이라는 것을 하게 된다.

그 이유는 바로 아편전쟁과 같은 충격적인 사건이 벌어졌기 때문이다. 1957년 10월 4일 소련에서 인류 역사이래 최초로 스푸트니크(Sputnik) 1호라는 인공위성을 쏘아 올리는데 성공했다. 당시에 미국과 소련은 엄중한 냉전 상태에 있었다.

때문에 늘 정찰기를 하늘에 띄우고 서로를 감시하며 더 좋은 무기를 만들어내기 위해 치열하게 경쟁하고 있었다. 당시에 미국은 과학과 군사기술에 있어서 소련보다 앞서나가고 있다고 자신하고 있었다.

그런데 갑자기 소련이 미국보다 먼저 인공위성을 쏘아 올리는데 성공한 것이다. 미국은 공황상태에 빠졌다. 미국의 군사전문가들은 소련이 인공위성을 통해 보다 쉽게 미국을 감시할 수 있게 되었다고 호들갑을 떨었다.

그리고 필요하다면 인공위성을 이용해 폭탄이나 핵무기로 미국을 즉각 공격할 수도 있다고 걱정하게 되었다. 미국은 이것을 스푸트니크 충격이라고 불렀다.

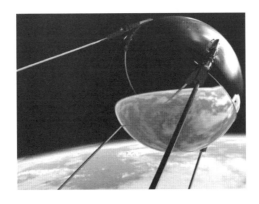

〈 스푸트니크1호 인공위성 〉

미국의 정치가들 학자들은 미국학생들의 과학과 수학교육이 소련보다 뒤쳐졌기 때문에 이런 사태가 벌어졌다고 반성했다. 그래서 이제 모두들 고작 초등산술이나 가르치던 수학교육을 바꾸어야 한다고 주장했다.

그래서 집합이나 함수 같은 상당히 추상적인 현대수학의 개념을 중학생들에게 가르쳐야 한다고 생각한 것이다. 그렇게 우리 중학생들이 난해하기 그지없는 함수를 배워야만 하는 시대적인 배경이 있었던 것이다.

아편 전쟁의 후유증으로 갑자기 함수라는 용어를 만들어야 했던 중국 청나라 수학자들이나, 소련의 인공위성 때문에 중학생들에게까지 함수를 가르쳐야 하는 신세가 된 우리 모두 전쟁의 피해자라고 해야할까?

어쨌든 함수는 1453년 콘스탄티노플(Constantinople) 전쟁에서 비롯된 대항해시대에 싹트기 시작해서 아편전쟁을 통해 중국으로 전해지고, 그리고 냉전 중에는 중학생들에게까지 소개되는 전쟁과 밀접한 수학 개념이라고 할만하다.

함수의 의미

의미란 기호가 아닌 이미지다!!
의미를 안다는 것은 기호가 아닌 이미지로 생각할 수 있다는 것이다.

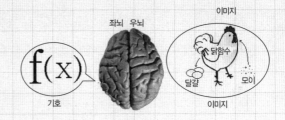

: 함수가 뭐야

이제 본격적으로 함수의 의미를 알아보자. 새수학 운동에 의해 도입된 함수에 대한 설명을 중학교 1학년 수학교과서에서 찾아보면 함수의 뜻을 다음과 같이 설명하고 있다.

> 함수란 두 변수 x, y에 대하여 x의 값이 결정되면 이에 따라 y의 값이 하나로 결정될 때, y를 x의 함수라고 한다. 이것을 $y = f(x)$와 같이 나타낸다.

이 문장을 읽어보고 아하 함수란 그런 것이구나 하고 바로 이해할 수 있는 사람은 과연 몇 사람이나 될까? 아무리 머리가 좋은 학생이라도 이런 딱딱한 설명문만으로는 함수가 무엇인지 쉽게 이해할 수 있는 학생은 없다고 본다.

앞에서 우리는 변화에 대해 알아보았고 변화란 인과율에 의해 일어난다는 것도 알았다. 그래서 인과율에 의한 변화를 수학적으로 간단히 표현하기 위해 함수라는 개념을 도입하고 그 의미를 설명한 문장이 바로 이 딱딱한 문장이다.

이 문장에는 함수의 수학적 의미가 그대로 함축되어있다. 즉 x는 원인이 되고 그 원인이 구체적으로 무엇인지 결정되면 그에 따라 결과인 y가 하나의 값으로 정확히 결정된다는 것이다. 그렇게 결정된 y를 원인 x의 함수(결과)라고 부른다는 것이다.

즉 함수란 원인과 결과의 관계를 의미한다. 하나의 원인이 정해지면 그에 따라 반드시 하나의 결과가 정해지는 관계를 함수라고 하는 것이다.

즉 위에서 함수의 의미를 정의한 문장에서 가장 핵심적인 부분은 다음과 같이 x 값이 단 하나의 y 값만 결정한다는 부분이다.

$$x \longrightarrow y$$

그런데 이것만으로는 왜 이것을 함수라고 특별히 부르는지 쉽게 감이 오지 않는다. 그래서 그렇지 않은 경우도 생각해 보아야 한다.

즉 x가 두 개 이상의 y를 결정하는 경우를 살펴보는 것이다.

이것은 왜 함수라고 말할 수 없는 것인가? 하고 신중하게 따져보고 실감나는 구체적인 사례도 찾다 보면 어느새 함수가 무언인지 그 감이 잡히기 시작하는 것이다.

그래서 여러분은 아하 함수란 일의 대응이구나 하고, 그 본질을 확실하게 이해하게 될 것이다. 일의 대응만이 함수여야 한다는 것을 말이다. 일의 대응을 단지 함수라고 이름 붙인 것에 불과하다는 것도 말이다.

함수의 의미를 알아봤으니 이제 이것을 확실히 자신의 것으로 각인하기 위해 구체적으로 현실세계에서 함수가 되는 것, 함수가 될 수 없는 것들을 찾아보는 것도 필요하다. 나아가 직접 함수를 만들어보면 더욱 좋을 것이다.

: 닭은 함수이다

이제 우리 주변에서 함수가 되는 구체적인 것들을 찾아보자. 예를 들어 모이를 맛있게 쪼아먹고, 달걀을 낳는 암탉도 함수라고 말할 수 있다. 왜냐면 모이와 달걀 사이는 일의 대응이 성립하기 때문이다.

즉 닭이 쌀을 쪼아먹든 보리를 쪼아먹든 마찬가지로 달걀을 낳는다
는 것은 변함이 없다. 만일 닭이 같은 모이를 쪼아먹었는데 어느 날은
달걀을 낳고 어느 날은 달걀이 아닌 돌멩이를 낳았다면 함수가 아닌
것이다.

이처럼 닭은 모이를 먹고 몸 속에서 변화시켜 점점 달걀을 키워서 달
걀을 낳는 기능을 가진 일종의 함수라고 볼 수 있는 것이다.

마찬가지로 젖소도 닭처럼 함수라고 말할 수 있다. 젖소는 풀을 뜯
어먹거나 볏짚 사료 등을 먹고 우유를 만들어내기 때문이다.

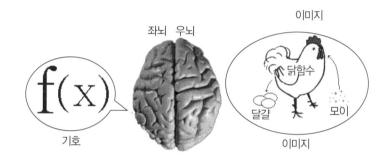

모이를 먹고 달걀을 낳는 닭은 모이의 집합에서 달걀의 집합으로 일
의대응 관계를 만드는 하나의 함수이다. 이렇게 닭을 함수의 구체적
인 사례로서 우뇌로 상상할 수 있다.

그렇게 이미지로서 구체적인 함수와 그것을 언어를 담당하는 좌뇌
에서 기호로 f(x)라고 표현하면 우리는 함수에 대해 완벽하게 이해하
게 된 것이다.

구체적인 대상과 추상적인 기호가 우리 두뇌에서 하나로 맺어질 때,

우리 뇌는 그것을 확실히 이해하는 상태가 되는 것이다. 이것이 바로 우리 뇌가 수학을 학습하는 방법이다.

　이런 방법으로 수학적 개념들을 학습해 나간다면, 아무리 어려운 것이라도 다 이해하고 소화할 수 있는 것이다. 수학은 제대로 된 방법으로 공부한다면 결코 어려운 것은 없다.

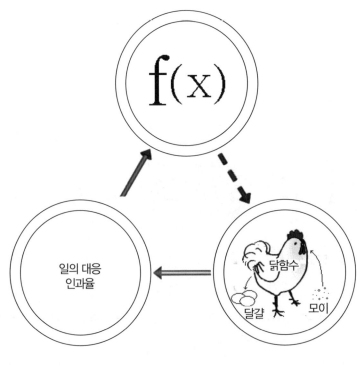

〈 함수의 의미삼각형 〉

　그림에서 보는 것처럼 먼저 구체적인 대상으로부터 마음속의 이미지나 개념이 형성되고, 그것을 다른 사람에게 표현하기 위해 문자나 기호를 만들어냄으로서 의미삼각형이 만들어진다.

이렇게 의미삼각형이 만들어지면 우리는 그것에 대해 확실히 안다고 자부할 수 있는 것이다. 하지만 우리는 이제까지 구체적인 대상이나 마음속의 개념에 대해서 등한시 해왔다.

그리고 단순히 수학 기호만 달달 외우고 그 기호의 계산방법만 익히면 충분하다고 여긴 것이다. 그래서 수학 공부를 아무리 해도 수학은 늘 어렵게만 느껴진 것이다.

앞으로는 수학 공부에 있어서 먼저 구체적인 대상들을 찾아 그것을 실감할 수 있게 함으로서 친근하고 쉽다는 편안함을 느낄 수 있다. 그 느낌으로 마음속에 개념을 형성하고 그것을 기호화하는 과정으로 공부하면 좋을 것이다.

: 지도 그리기도 함수다

예를 들어 학생이 사는 동네와 학교까지의 지도 만들기를 해보자. 실제 동네의 지형지물들의 집합과 그것을 종이 위에 간단히 표현하는 그림들의 집합의 대응을 조사해 보는 것도 함수를 실감나게 만들어 보는 실습이 된다.

지도를 그릴 때 실제 지형이 원인(정의역)이 되며, 지도를 그리는 종이가 공변역이 된다. 그래서 실제 지형을 되도록 그대로 종이로 옮겨 그린 약도가 결과(치역)가 된다.

　우리는 약도를 그리는 과정에서 대부분의 지형 지물들은 생략되게 된다. 우선 종이는 실제 지형에 비해 매우 작기 때문에 실제 지형 지물들을 그대로 옮기지 못한다.

　작게 축소되거나 아애 생략되기 일 수 있다. 하지만 중요한 도로나 건물, 지형지물들은 간단히라도 옮겨 그리게 된다. 지도를 사용하는 여행자가 길을 잃지 않고 여행을 하는데 필요한 중요 지형지물들을 표시하는 것이다.

　그런데 실제 지형에 없는 것이 지도상에 그려진다거나 같은 지형지물이 두 번 이상 그려진다면 제대로 그려진 지도라고 말할 수 없을 것이다. 그런 지도를 사용하다가는 길을 헤매기 십상이다. 이렇게 지도를 그리는 것도 함수가 되도록 그려야 하는 것이다.

　사진을 잘 찍는 것도 함수가 되느냐 아니냐의 문제가 된다. 다음 그림처럼 짱구를 찍을 때 짱구의 모습이 카메라 렌즈를 통과해서 필름에 찍히게 되는데, 이때 실제 짱구의 모든 화점이 그대로 필름상의 감광

점으로 옮겨지지는 못한다.

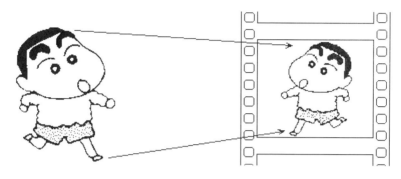

〈 일의 대응으로 함수가 되는 경우 사진이 잘 찍힌 것이다.〉

　필름은 실제 인물이나 경치보다 훨씬 작기 때문에 인물에서 반사되어 오는 빛의 대부분은 필름의 작은 부분들로 집중되어 버린다. 즉 실제 인물의 화점과 필름 상의 화점은 일의 대응이 되는 것이다.

　함수를 일의 대응으로 정의하는 이유가 바로 이것이다. 미지의 대상을 우리가 인식을 할 때도 함수를 이용하고 있다. 미지의 대상을 분석하여 그 구성요소를 우리가 잘 아는 요소에 대응시키는데 성공하면 인식이 이루어진 것이라고 말할 수 있다.

　반면 미지의 구성요소가 우리가 잘 아는 요소의 두 개 이상에 대응된다면 미지의 구성요소가 잘 분석되지 않았고 우리는 여전히 미지의 대상을 안다고 말할 수 없게 된다.

〈컴퓨터 게임도 함수다〉

　중학생들이 즐겨하는 컴퓨터 게임도 사실은 함수이다. 다음은 1980년도에 전자오락실에서 인기를 끌었던 갤러그라는 이름의 컴퓨터 게임이다. 우주전쟁을 간단하게 묘사한 이 게임은 우주선에서 발사한 총으로 적군 우주선들을 맞추는 것이다.

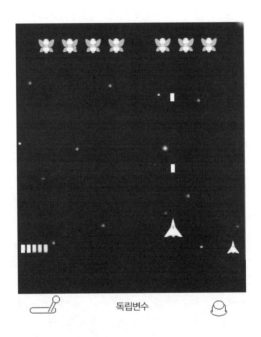

독립변수

게임을 하는 사람은 우주선의 좌우 위치를 결정하는 레버와 총알의 발사속도를 결정하는 버튼을 조종한다. 즉 레버와 버튼이 바로 독립변수 x에 해당하고 우주선의 위치와 총알의 발사속도가 종속변수 y인 것이다.

만일 여러분이 레버를 당기는 쪽으로 우주선이 잘 움직이지 않는다거나 총알을 발사하는 버튼을 눌렀는데도 총알이 발사되기도 하고 발사되지 않기도 한다면 게임을 하는 재미는커녕 혼란스럽고 고장났다고 생각될 것이다.

즉 독립변수가 결정되면 종속변수는 단 한가지로 일의적으로 결정되어야 게임다운 게임이 되는 것이다. 두 가지 이상으로 종속변수가 대응된다면 혼란해져서 게임을 할 수가 없는 상태가 된다. 즉 함수가 성립하지 않는다.

이렇게 우리 주변에서 함수가 되는 것과 함수가 되지 않는 구체적인 사례들을 찾아보라! 함수는 어느새 친근하게 자신의 것이 되어있을 것이다.

: 함수가 아닌 것들

함수를 구체적으로 실감해 보기 위해 함수가 아닌 것들도 찾아보는 것이 크게 도움이 될 수 있다. 앞에서 말한 것처럼 지도를 잘못 그리면 그것은 함수가 아니다.

마찬가지로 사진을 찍을 때 손이 살짝 흔들려 사진이 흐리게 찍히거나 겹친 상이 만들어지면 일의 대응이 아니기 때문에 함수가 되지 않은 것이다.

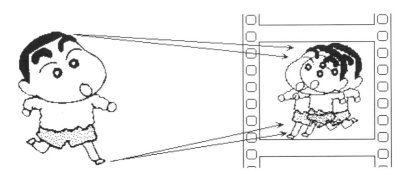

〈 일의 대응이 아닌 것은 사진이 흔들린 경우이다. 〉

한입으로 두말하기 즉 거짓말도 일의 대응이 아니기 때문에 함수가 아니다. 도깨비 방망이를 휘두르며 '금 나와라! 뚝딱', '은 나와라! 뚝딱' 하면 금이나 은이 갑자기 나타나는 것도 함수가 아니다.

도깨비 방망이 하나로 기와집도 뚝딱 짓고, 비단옷도 뚝딱 만들고, 맛있는 떡과 고기도 뚝딱 만들어버리는 것은 일의 대응이 아니기 때문이다.

함수로는 이런 보물들을 뚝딱 뚝딱 만들 수가 없지

〈 도깨비 방망이는 함수가 아니다. 〉

: 독재권력도 함수가 아니다

독재자는 뭐든지 혼자서 결정하고 실행한다. 뭐든지 자기 마음대로

하는 것이다. 그래서 독재자는 이랬다 저랬다 하기도 한다. 독재자의
행동은 종잡을 수가 없는 것이다.

반면 민주주의는 여러 사람들의 의견이 모아져 하나의 결정을 내리
므로 당연히 함수의 조건을 만족하고 있다. 그래서 독재보다 민주주
의가 강력한 것이다.

리더는 앞으로 나아갈 방향에 대해 고민해야한다. 하지만 독재적 리
더는 현실의 문제도 자신이 직접 해결해야 한다고 고민하는 것이다.

그래서 독재자는 늘 두 가지 이상을 지시한다. 현실적 문제의 해결
책과 미래의 비전을 말이다. 리더가 한 방향이 아닌 두 방향을 가리키
면 따르는 사람들은 혼란스러워진다.

독재자는 늘 두개이상의 방향을 가리킨다. 현장 실무와 이상이라는
두 가지를 다 장악하고 있기 때문이다. 좋은 리더는 현장에 대해서는
무시하고 이상을 부각시키는데 주력한다.

현장 실무는 참모나 아래 사람들이 알아서 처리할 수 있도록 배려해 주어야 한다. 하지만 독재자는 독선적으로 그런 것까지 자신이 챙기려고 한다. 이명박 대통령이 당선되자마자 전봇대를 뽑아 옮기는 것이 그것이다. 대통령 급의 사람이 전봇대 따위나 신경을 쓴다면 곤란하다.

그러면 아랫사람들은 할 일이 없게 된다. 대통령의 눈치만 살피고 무사안일주의로 가는 것이다. 혹시 자신이 또 전봇대를 잘못 심었다고 문책 당할까 겁이 나기 때문이다.

결국 이명박도 그 전봇대 하나 뽑고 나서는 더 이상 전봇대는 신경 쓰지 않았다. 아니 신경을 쓸 수도 없는 것이다. 현장에서는 대부분의 일들이 코에 걸면 코걸이 귀에 걸면 귀걸이이기 때문이다.

감독자가 두 눈 부릅뜨고 지켜본다고 생각하면 누구나 일손이 잡히지 않는다. 지극히 형식적인 일만 하게 된다. 그렇게 독재권력 아래에서는 조직은 활기를 잃고 경직되어 가는 것이다. 그래서 독재가 안 좋은 것이다.

마술사의 마술도 함수가 아니다. 마술사의 모자 속에서는 토끼도 나오고, 비둘기도 나오고, 장미꽃도 나온다. 이렇게 하나의 모자에서 무엇이 튀어나올지 알 수 없는 경우는 함수가 아닌 것이다.

이처럼 함수라고 하는 것은 우리의 상식과 일치하는 것들, 인과의 법칙이 그대로 성립하는 변화들을 수학적으로 표현한 것에 지나지 않는다.

우리가 다 잘 알고 있는 것을 딱딱한 기호를 사용해서 수학적으로 표현하다 보니 어렵게 느껴지는 것뿐이다. 함수가 이렇게 우리의 상식을 표현한 것이라는 것을 알게 되면 함수를 쉽게 납득하고 이해할 수 있는 것이다.

⟨함수식 다루기⟩

함수가 어려운 것은 변화라는 것을 수식으로 표현한다는 사상적 배경이 있었기 때문이기도 하지만, 함수식을 계산하는 방법을 잘 모르기 때문이기도 하다.

방정식은 잘 계산하지만 함수식은 쉽게 계산하지 못하는 학생들이 많다. 방정식과 함수식은 똑같이 생겼지만 계산하는 방법은 다르기 때문에 학생들의 혼란이 큰 것이다. 예를 들어 다음과 같은 수식은 방정식인가 함수인가?

$$2x+1=y$$

방정식으로 보아도 되고, 함수식으로 보아도 된다. 하지만 보통 방정식은 우변을 0으로 하는 것을 표준적인 표현법으로 약속해두었다. 때문에 방정식으로 보려면

$$2x-y+1=0$$

으로 고쳐쓰면 좋다. 하지만 함수로 생각한다면 이제 x, y 는 미지수가 아니고, 변수로 생각해야 한다. 즉 미지수값 x, y 를 구하는 것이 아니고 변수 x의 값이 얼마이면 변수y의 값은 얼마인가 하는 식으로 그 값을 하나하나 구하면 된다.

따라서 함수 f 는 다음과 같은 모습이라고 생각하면 좋다.

$$f = 2(\quad)+1$$

$$f(x)=2(\ x\ )+1$$

보통 수식에서 불필요한 괄호는 생략해버리기 때문에 함수식은 간단하게 다음과 같이 된다.

$$f(x)=2x+1=y$$

이 함수식에서 x=0이라고 하면 위 식에 0을 대입하여 y=1이 되고,

$$x=1이라고 하면 y=3$$

$$x=2이라고 하면 y=5$$

$$x=-1이라고 하면 y=-1$$

$$x=-2라고 하면 y=-3$$

$$\vdots$$

이렇게 x의 값의 변화에 대한 y값의 변화를 구하는 것이 함수식을 다루는 방법이다. 따라서 함수식은 방정식을 푸는 것과는 다른 방법을 사용한다는 점을 분명히 이해할 필요가 있다.

함수 $x^2=y$의 경우에 함수 $f=(\ \ )^2$인 것으로 이해하면 된다. 이처럼 함수식은 방정식과 달리 변수 x를 포함하는 식으로서 그 값을 마음대로 변화시키면서 그 함수식의 값을 구한다는 점을 명심하기 바란다.

x값은 내가 마음대로 바꿀 수 있기 때문에 독립변수라 부르고 y값은 x값에 의해 결정되는 결과이기 때문에 종속변수라고 부르기도 한다.

이제 우리는 수식으로 표현할 수 없는 함수까지 포함하면서 함수의 종류를 모두 알아보기로 하자.

10장

함수의 종류

: 함수의 개수

함수의 종류를 알아보기 전에 먼저 다음과 같은 두 집합 A, B에서 만들 수 있는 함수의 개수는 몇 개나 되는지 부터 알아보자. 집합 A의 원소 a에서는 B의 원소 1, 2, 3에 화살을 쏠 수 있다. 이에 대해 마찬가지로 원소 b도 1, 2, 3에 화살을 쏠 수 있다.

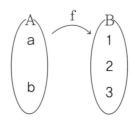

즉 a가 1의 원소에 화살을 쏘았다고 하면 이때 b는 1, 2, 3어느 하나에 쏠 수 있다. 그렇게 해서 3가지의 함수가 만들어진다. 다음에 a가 2의 원소에 화살을 쏘았다고 하면 마찬가지로 b도 1, 2, 3 어느 하나에 화살을 쏘게 된다. 마지막으로 a가 3에 화살을 쏘았을 때 역시 b는 1, 2, 3 어느 하나에 화살을 쏘아 함수를 3가지 만들 수 있다.

따라서 모두해서 $3 \times 3 = 3^2 = 9$가지의 함수를 만들 수 있는 것이다. 이것을 일반화하면 함수의 개수는 B^A 개를 만들 수 있다고 말할 수 있다.

함수의 개수를 구하는 문제는 중복순열을 구하는 것과 같다. 중복순열이란 중복을 허용하는 순열로 기호로는 $n\Pi r$(엔 파이 알)이다.

n개의 서로 다른 원소 중에서 중복을 허용하여 r개를 뽑아서 한 줄

로 나열하는 경우의 수이다. r개를 선택하는 경우, 최초에 n개를 선택할 수 있고 이후에도 계속 n개를 선택할 수 있기 때문에 이 순열의 개수는 n의 r승이다.

이렇게 두 집합사이에 만들 수 있는 모든 함수의 개수를 구해보았다. 그렇다면 이런 함수들 중에서 조금은 특별한 함수들을 찾아내보자.

〈함수개수 구하기〉

다음과 같은 두 집합 X, Y 사이에 만들 수 있는 함수 f : X → Y를 몇 개나 만들 수 있는가? $Y^X = 3^4 = 81$이다. 정말 그런지 확인해 보자는 것이다. 수학도 이런 실습이 필요하다.

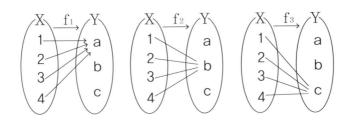

먼저 공변역 하나의 원소에만 대응하는 상수함수는 3개뿐이다. 다음으로 두 개의 원소에 대응하는 함수 중에 1의 원소가 a에 대응하고 나머지는 b, c 어느 하나에만 대응하는 함수는 두개다.

다음으로 1이 b에 대응하고 나머지는 a, c 어느 하나에만 대응하는 함수도 2개다. 그리고 1이 c에 대응하고 나머지는 a, b 어느 하나에만 대응하는 함수도 2개해서 모두 6개다.

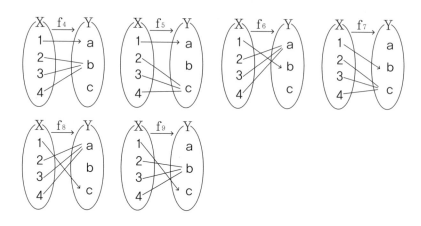

이런 식으로 중복되지 않게 함수들을 차례대로 모두 만들어가 보자.

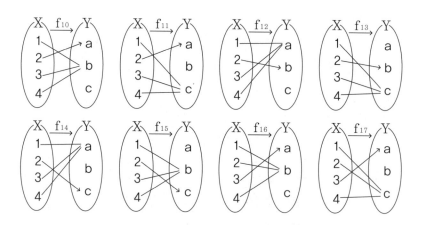

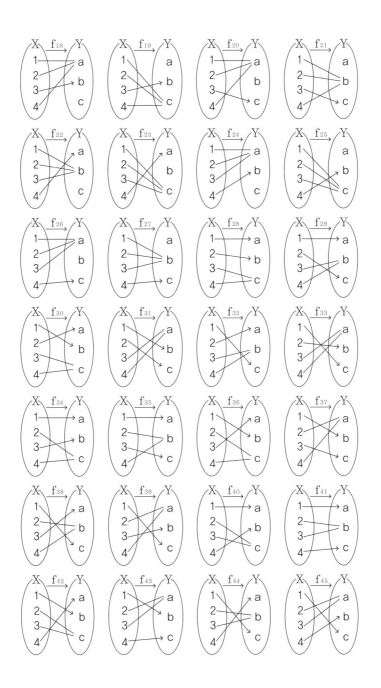

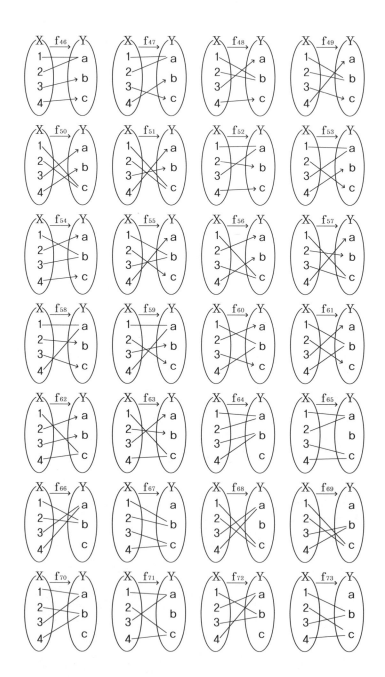

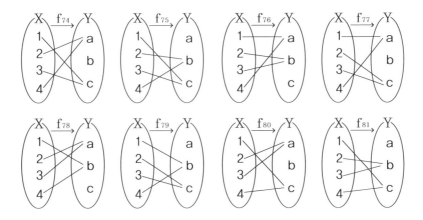

이런 실습을 통해서 수학적 탐구를 어떻게 해가는 것인지 스스로 깨달을 수 있다. 수학이란 이런 지난한 작업의 결과를 통해 얻는 것이기도 하기 때문이다.

이런 실습을 해보라 하면 머리 좋은 학생들은 오히려 싫어한다. 그냥 잘 풀지 못하는 문제 하나라도 더 풀어달라는 것이다. 그들에게는 이것이 부질없는 짓처럼 보였을 수도 있다.

하지만 수학은 문제풀이보다는 이런 것을 통해서 더 수학을 깊이 이해할 수 있다.

단사함수

함수를 알고 나면 이제 그 함수들에는 어떤 종류의 것들이 있는지 분류하고 정리하려고 든다. 수학자들이란 참으로 할 일없는 분들인지도 모른다. 함수의 종류를 분류한다고 밥이 나오는 것도 떡이 나오는 것도 아닌데 말이다.

함수를 분류하는데 여러 가지 기준이 있다. 우선은 대응 방식을 기준으로 함수에는 어떤 종류가 있는지 알아본다. 먼저 다대일 대응인 상수함수를 생각해 보자.

상수함수는 모든 원인이 하나의 결과만을 만든다는 것이다. 실제로 원인은 다양하지만 결과는 모두 같은 것들이 있다. 예를 들어 사람이 죽는다는 결과를 가져오는 원인은 수도 없이 많다.

암, 당뇨병 등의 각종 질병으로 사람이 죽는다. 독초나 독버섯을 잘못 먹어죽는 사람도 있다. 그리고 벌이나 뱀의 독에 죽기도 한다. 또한 교통사고나 산사태 등의 재난을 당해 죽기도 한다. 이렇게 수많은 원인이 사람의 죽음이라는 단 하나의 결과만 가져온다.

이런 식으로 함수를 늘 우리 실생활과 관련시켜 실감나게 이해한다면 함수도 결코 어려운 것이 아니다. 한편 f(x)=x라는 항등함수는 아무런 변화가 일어나지 않았다는 것이다.

그 다음에 단사함수를 알아보자. 단사함수를 알아보기 위해서는 전쟁터로 가야 한다. 참혹한 전쟁터에서 전사한 사람들을 보면 화살이나 총알을 두발이상 맞아 죽은 사람들도 적지 않다. 두 명 이상이 조준해서 쏘았기 때문일 것이다.

하지만 치열한 전투를 치르다 보면, 화살이나 총알이 점점 떨어지는데 보급로는 적군에게 차단되어 더 이상 보급되지 않는 상황이 종종 생기게 된다.

이럴 때는 화살하나에 정확히 적군 한 명을 쓰러뜨려야만 할 것이다. 한 명의 적군을 쓰러뜨리는데 2발 이상의 화살이나 총알은 낭비가 되는 것이다.

함수 중에도 이런 절박한 상황에 처한 함수가 있는 모양이다. 오로지 적군 한 명에게 한발만 쏘아라! 그것이 바로 단사함수이다. 그런데 단사함수란 용어가 약간 혼란을 준다.

어차피 함수란 것이 일의 대응이기 때문에 각 병사는 화살을 한발밖에는 쏘지 못한다. 단지 표적을 두 번 이상 맞추지 말라는 의미로 단사인 것이다. 하지만 사(射)라는 한자어는 쏜다는 적극적인 의미이기에 적당하지 않다.

한번만 맞았다는 의미로 단적(單的)함수 라던지 일타(一打)함수란 한자어가 더 적당하지 않을까 하는 생각도 해본다. 이런 용어라면 용어자체만으로 바로 어떤 함수인지 감이 빨리 오기 때문이다.

적절한 용어를 선택하는 일은 학문을 하는 데 있어서 아주 중요한 일이다. 요즘 수학교과서에서는 단사함수를 일대일함수라는 용어로 바꾸었다. 하지만 그다지 좋은 용어로 생각되지는 않는다.

앞에서 함수의 개수는 중복순열을 구하는 것과 같다고 했는데 단사함수의 개수는 그냥 순열($_nP_r$)을 구하는 것과 같다. 중복을 허용하지 않고 하나씩만 뽑아서 차례대로 나열하는 것이기 때문이다.

다음으로 전사함수가 있다. 모든 적이 화살을 맞은 상태를 표현한 함수가 전사함수이다. 즉 치역과 공변역이 일치하는 함수이다. 일반적으로 세상에는 원인을 모르는 결과만 존재하는 것도 있다.

예를 들어 세계 7대 불가사의의 하나라는 이집트 피라미드는 누가 언제 어떤 기술을 사용해 쌓아올렸는지 아직 분명히 모른다. 이렇게 우리는 원인을 모르는 결과물만 보고 있는 것도 존재한다. 바로 전사함수는 결과는 알지만 아직 원인이 불명확한 것을 표현하는 것이다.

그리고 전사이면서 동시에 단사인 함수를 전단사함수 또는 1대1대응이라고 부른다. 일대일 대응은 다음에 이야기하는 역함수가 존재하는 함수이다.

: 역함수

역함수란 말 그대로 원래 함수를 역으로 하는 함수이다. 즉 정의역과 공변역을 서로 바꾸고 화살은 그대로 유지하고 있으면 된다. 하지만 함수는 일의 대응이기 때문에 일반적으로 역함수가 존재하지 않는 경우가 많다.

$$f = x \longrightarrow y, \qquad f^{-1} = y \longrightarrow x$$

역함수를 만들 수 있기 위해서는 원래 함수가 어떤 함수여야 할까? 그것은 일대일 대응이다. 일대일대응인 함수만이 역함수를 만들 수 있는 것이다.

다음과 같은 식으로 표현된 함수는 일대일 대응 함수이기 때문에 역함수가 존재한다.

$$y=2x+1의 \ 역함수를 \ 구해보자.$$

먼저 함수식을 x에 관해서 정리한다.

$$y - 1 = 2x$$
$$\frac{1}{2}(y - 1) = x$$

이제 마지막으로 x와 y를 서로 바꾸기만 하면 그것이 바로 역함수가 된다. 역함수의 그래프는 y=x의 그래프를 대칭축으로 하여 원래 함수의 선대칭이 된다.

$$\frac{1}{2}(x - 1) = y$$

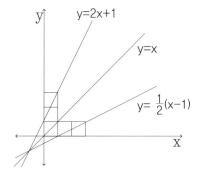

이 성질로부터 원래 함수와 역함수가 똑같은 함수가 있다는 것을 알수 있다. 즉 y = x를 대칭축으로 하여 대칭이동을 하나마나 똑같은 그

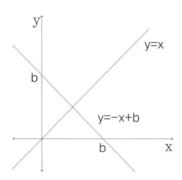

래프가 되는 함수가 그것이다. 그 함수는 바로 y = −x+b 인 형태의
함수들이다.

〈역함수와 엔트로피〉

이제 역함수를 변화의 입장에서 한번 살펴보기로 하자. 일반적으로 우리가
늘 느끼고 있는 변화들은 비가역적인 것들이다. 비가역적이란 말은 다시 되
돌아갈 수 없다는 의미이다.

즉 원인이 결과를 만들어낼 수는 있지만 결과가 원인을 만들어내지는 못한
다. 한번 엎질러진 물은 다시 깨끗하게 주워담을 수 없다. 깨진 접시도 원상
태로 이어 붙일 수 없다.

이런 변화를 비가역적인 변화라고 부른다. 이것을 엔트로피 증대의 법칙이라
고 부르기도 한다. 엔트로피 증대의 법칙은 우주의 기본 법칙의 하나이다.

우리가 나이 들어가면서 늙어 가는 것도 이 엔트로피 증대의 법칙 때문이다.
한번 늙은 사람이 다시는 젊어질 수가 없다. 만일 생명현상에서도 역함수를
만들 수 있다면 다시 젊어지는 것도 가능할 것이다.

생명과학자들은 사람이 나이가 들어도 더 이상 늙지 않는 방법을 찾아내려고

하거나 다시 젊어지는 방법을 연구하는 사람들도 있다. 과연 언젠가는 그런 연구가 성공을 거둘 수 있을까?

분명한 것은 그런 연구가 성공하려면 생명현상을 일대일 대응이 이루어지도록 해야만 한다는 것이다. 생명현상에서는 에너지가 사용된다.

우리가 밥을 먹는 것도 밥에 들어있는 화학에너지를 흡수해서 열에너지로 바꾸어 체온도 유지하고 근육운동에도 사용하며 폐열로 소모하게 된다.

이런 에너지 사용에서도 일대일 대응이 이루어져야 한다. 또한 우리 몸의 유전자는 외부환경의 여러 자극에 의해 돌연변이가 일어나며 점점 유전정보를 상실해 감으로서 늙게 된다.

따라서 그렇게 잃어버린 유전정보도 다시 복구해서 유전정보의 복사가 일대일 대응이 이루어져야 하는 것이다. 그래야 젊은 상태를 그대로 유지하거나 다시 젊어지는 것도 가능할 것이다.

: 합성함수

합성함수를 배우는 시간이다. 왜 함수를 합성해야 하나요? 함수를 합성한다는 것은 함수에게 어떤 의미가 있나요? 이렇게 당돌한 질문을 하는 학생이 과연 있을까?

함수를 합성하라니!! 함수만으로도 어려운데 그 어려운 함수를 어떻게 합성한다는 것인가? 하고 푸념하는 학생들도 있을지 모른다. 함수란 변화를 수학적으로 표현하는 것이라고 말했다. 그럼 함수를 합성한다는 것은 어떤 의미일까?

변화라는 관점에서 합성함수도 생각해 볼 수 있다. 그것은 변화가 연이어 연속적으로 일어났을 때, 일일이 원인과 결과의 연속적인 사슬을 찾아보는 것은 번거롭게 될 것이다.

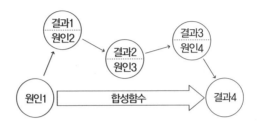

그냥 처음의 원인과 마지막 결과만 알고 싶을 때도 분명히 있을 것이다. 그래서 개개의 변화들을 하나로 합성하는 것이다. 곧 그것이 바로 합성함수인 것이다.

〈실감나는 합성함수〉

사실 합성함수라는 것은 우리 일상생활에서도 종종 사용하는 것이다. 예를 들어 갑자기 배추 값이 폭등하면서 김치가 금치가 되었다는 뉴스를 가끔 듣는다. 그럼 배추 농사를 지은 농부들이 많은 돈을 벌었겠구나 하고 생각하지만 정작 힘들게 배추농사를 지은 농부들은 그렇게 돈을 많이 벌지도 못했다고 한다. 이유는 배추를 중간에 사고 파는 중간상인들이 배추 값이 폭등한 이득을 모두 가로채기 때문이라는 것이다. 그래서 농산물을 생산하는 농부들과 도시의 소비자들을 직접 연결하는 직거래 장터를 만들기도 한다.

바로 이 직거래 장터가 중간 상을 거치지 않고 직접 거래하도록 하는 합성함수라고 말할 수가 있는 것이다. 농부들은 더 많은 값을 받고 상품을 팔 수 있고, 도시 소비자들은 더 싼값에 상품을 살 수 있어서 좋은 것이다.

앞에서도 예를 든 것처럼 닭의 마리 수를 세는데 불편한 돌멩이를 더 이상 사용하지 않고 직접 숫자로 닭을 세는 것도 일종의 합성함수가 된다는 것처럼 말이다.

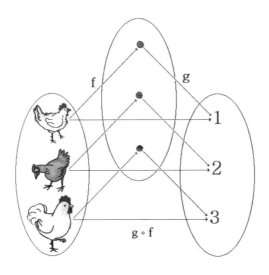

두 함수 f와 g의 합성함수는 기호로 g○f로 나타낸다. 읽는 법은 g 합성함수 f 로 읽으면 된다. 지금 다음과 같은 함수 f와 g가 있다. 이 두 함수의 합성함수 g○f는 다음과 같이 구할 수 있다.

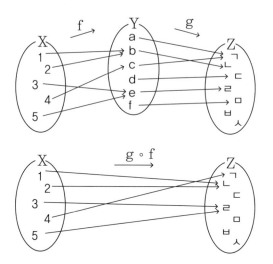

함수를 합성하는 것이 있다면, 함수를 분해하는 것도 생각할 수 있다. 지금의 수학교육과정에서 함수의 분해는 언급하지 않지만 말이다.

임의의 어떤 함수라도 전사와 단사 함수로 분해할 수 있다. 예를 들어 다음 함수는 전사함수와 단사 함수로 분해한 것이다. 단사함수를 먼저 하고 전사함수를 다음에 한다.

함수 = 전사 ∘ 단사

물론 반드시 전사와 단사함수로만 분해된다는 의미는 아니다.

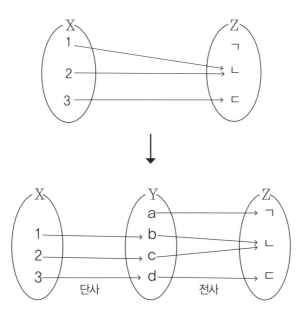

임의의 함수와 상수함수를 합성하면 무조건 상수함수가 된다. 또한 합성함수는 원래 함수들보다 치역이 작아진다. 그래서 함수를 합성할수록 치역은 점점 작아져서 결국에는 상수함수가 되어버릴 것이다.

〈잘못 만든 합성함수〉

일본에 바람이 불면 통장수가 돈을 번다는 언뜻 이해가 안가는 속담이 있다. 바람이 부는 것과 통장수가 돈을 버는 것이 무슨 상관이 있다는 말일까?

먼저 바람이 부는 것이 원인이 되어 모래가 날리는 결과가 나온다. 날린 모래가 사람의 눈에 들어간다. 모래가 눈에 들어가면 눈병에 걸리는 사람이 생긴다.

눈병이 악화되어 장님이 되는 사람도 생긴다. 그렇게 장님이 증가하면 장님들의 밥벌이인 일본식 기타 삼미선(三味線)의 수요가 늘어난다. 삼미선은 고양이가죽으로 만든다.

그래서 그만큼 고양이가 줄어든다. 고양이가 줄면 쥐가 늘어난다. 늘어난 쥐가 통을 갉아먹는다. 그래서 통 주문이 늘어나 통장수가 돈을 번다는 것이다.

위의 과정을 모두 함수로 생각하여 이들을 모두 합성하여 결국 간단히 하나의 함수로 만든다. 그래서 바람이 불면 통장수가 돈을 번다는 엉뚱한 말이 나오는 것이다.

이는 인과관계를 너무 필연적이라고 고집하여 잘못 합성한 것이다. 바람이 분다고 꼭 모래가 날리는 것도 아니고, 모래가 날린다고 눈에 들어가는 것도 아니다. 그렇게 억지로 엉뚱한 속담인 합성함수를 만든 셈이다.

〈합성함수 그래프 그리기〉

두 함수를 합성하면 그 그래프는 어떻게 변할까? 이런 문제를 해결하기 위해서는 합성함수의 의미를 확실히 알고 있어야 한다. 두 함수 f와 g를 합성하면 함수 f의 치역이 함수 g의 정의역이 된다. 그래서 합성함수 g∘f는 f의 정의역에서 g의 치역으로 바로 가는 그래프가 되는 것이다.

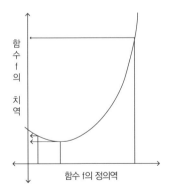

함수 f의 정의역

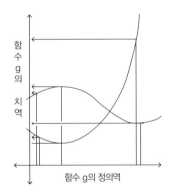

함수 g의 정의역

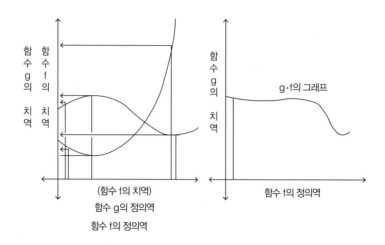

이렇게 합성함수의 그래프를 구하는 것을 묻는 문제가 다음과 같이 수능시험 문제로도 적지 않게 출제되었다.

7. 두 함수 $y=f(x)$와 $y=g(x)$의 그래프가 각각 아래 그림과 같다.

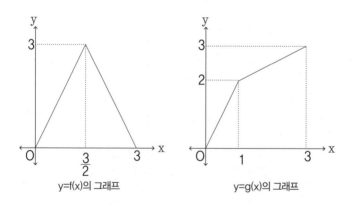

다음 중 $y=(g \circ f)(x)$의 그래프의 개형은?(1994년 수능 문제)

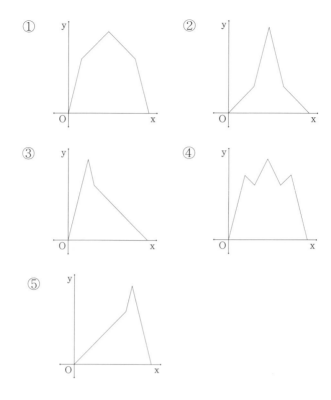

합성함수의 그래프를 간단히 얻기 위해 우선 함수 f의 그래프에 항등함수 y = x의 그래프를 다음과 같이 그려 넣는다. 항등함수가 하는 역할은 f의 함수값을 함수 g의 정의역 값으로 바꾸어 주는 역할을 하는 것이다.

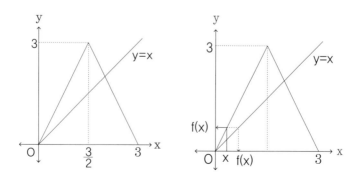

즉 임의의 x값에 대한 함수 f의 값 f(x)를 먼저 f의 그래프 상에서 구하여 좌
표평면에 표시한다. 그 다음에 이 f(x)의 값을 항등함수 y = x로 반사시켜서
함수 f의 정의역(x축)으로 이동하여 표시하여 둔 것이 두 번째 그림이다.

이로서 g(f(x))의 값을 구할 준비가 되었다. 이제 여기에 함수 g의 그래프를
겹쳐놓는다. 그리고 x축 상의 f(x)의 값으로부터 함수 g의 값을 다음 그림과
같이 구하면 된다.

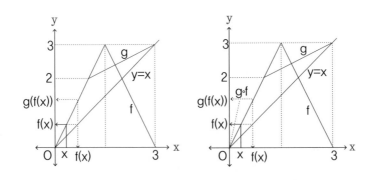

이제 합성함수의 g∘f의 그래프를 구하기 위해 함수 f의 정의역 값인 처음의
x값으로 돌아가서 그 x값과 g(f(x))의 값이 서로 직교하여 만나는 점을 구한

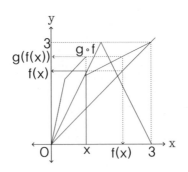

다. 바로 그 점이 합성함수 g∘f의 그래프가 되는 것이다.

이런 식으로 다른 점들의 g(f(x))의 값들을 모두 구해나가면 합성함수 g∘f의 전체적인 모습을 알 수 있게 된다. 그래서 정답은 ①번 그래프가 된다는 것을 알 수 있다.

1996년도 수능 문제(인문계)

14. 실수 전체에서 정의된 함수 y = f(x)의 그래프는 다음과 같다.

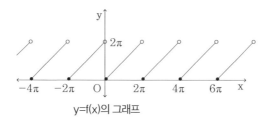

y=f(x)의 그래프

$g(x) = \sin x$ 일 때, 합성함수 $y = (g \circ f)(x)$의 그래프의 개형은?[1점]

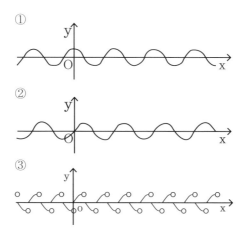

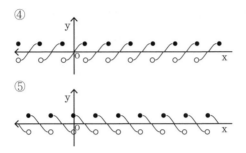

삼각함수의 한 주기가 끝나는 구간 $0 \leq x < 2\pi$ 에서 f(x)=x이므로 f(x)는 항등함수이다. 항등함수와 합성되는 함수는 그대로 변하지 않으므로, 사인함수 그대로 변함이 없다.

$f(x)$ 는 2π 를 주기로 하는 주기함수이므로

$$f(x) = x - 2n\pi \, (2n\pi \leq x < 2\,(n+1)\,\pi, \text{n은 정수})$$

$$g(x) = \sin x \text{ 에서 } y = (g \circ f)(x) = \sin(x - 2n\pi) = \sin x$$

〈초등함수〉

다음으로 함수를 표현하는 수식에 의해 다음과 같이 함수를 분류할 수 있다.

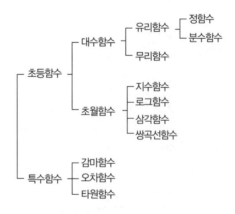

우선 크게 초등함수와 특수함수(고등함수)로 구분할 수 있다.

이 책에서는 초등함수 중에서도 가장 간단한 정함수인 1차함수에서부터 2차 함수, 삼각함수 정도만 다룰 생각이다. 이 함수들이 우리 수학교육 과정에서 주로 다루고 있으며, 학생들을 가장 힘들게 하는 함수들이다.

〈양함수 음함수〉

수학책을 보면 양함수, 음함수라는 용어도 나온다. 그런데 양함수, 음함수가 뭔지 속시원하게 설명된 책을 찾아보기 어렵다. 보통 y=f(x)의 형태로 표현된 함수를 양함수(Explicit Function)라고 부른다.

겉으로 들어나 확실히 함수라는 것을 알 수 있다는 의미이고 음함수는 방정식 속에 숨어있기 때문에 음함수라고 부르는 것이다. 하나가 숨어 있을 수도 있고 2개 이상이 숨어 있을 수도 있다.

이에 대해 f(x, y)=0의 형태로 쓰인 함수를 음함수(Implicit Function)라고 부른다. 예를 들어 원의 방정식은 사실 함수가 아니다. 하지만 함수로 생각하고 다루면 편리할 때가 있다.

그래서 원의 방정식을 음함수라고 부르기도 한다. 즉 독립변수나 종속변수의 구분이 없는 함수이다. 음함수는 양함수로 바꿀 수 있다. 예를 들어 원의 방정식을 양함수로 표시하면 , $y = \sqrt{1-x^2}$, $y = -\sqrt{1-x^2}$ 이다.

11장

1차 함수

: 무한집합의 함수

함수란 일의 대응이며 그것의 의의에 대해서도 이제 확실히 이해를 했다. 그리고 그런 일의 대응의 상태를 다음 그림처럼 표현하면 쉽게 알 수 있다.

하지만 정의역이나 공변역이 무한집합인 경우에는 그 대응관계를 이와 같은 그림으로는 무한히 많은 대응관계를 그려야하기 때문에 불가능하며 대응관계를 알아보기도 어렵게 된다.

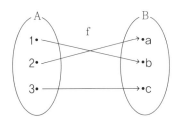

무한 집합의 경우에는 그 원소들의 대응관계를 어떻게 표현하면 쉽게 그릴 수 있고 바로 알아볼 수 있을까? 학생들에게 이런 질문을 해보는 것도 좋다.

무조건 좌표를 도입하고 함수의 그래프를 좌표평면에 그린다고 일방적으로 가르치는 것보다는 학습에 대한 동기 부여의 효과가 클지도 모른다.

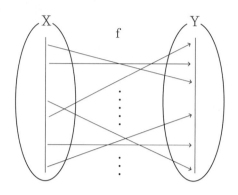

〈 무한집합에서 함수는 단순히 대응으로 표현할 수 없다. 〉

    그림에서 보는 것처럼 단순하게 직선상의 무한개의 점들을 하나하나 일일이 화살표로 대응시키는 것은 불가능하며 만약에 그렇게 했더라도 그것을 알아보는 것도 어렵다.

    그럼 무한집합의 함수는 어떻게 표현하면 좋을까? 그것은 좌표축이라는 기발한 아이디어로 무한집합의 함수의 대응관계를 그래프로 간단하게 표현할 수 있게 된 것이다.

    X, Y 두 집합의 대응으로 표현하는 함수에서 먼저 정의역의 집합 X와 공변역 집합 Y의 위치를 우선 서로 바꾸고 집합 X를 90도 회전 시켜 가로로 놓는다.

    즉 정의역이 X축이 되고 공변역이 Y축이 된다. 그리고 X축의 원소와 Y축의 원소가 서로 직각을 이루며 대응하도록 대응 화살표를 다시 그린다.

    그러면 대응관계는 좌표평면상의 그래프로 변하게 되는 것이다. 그래프를 그릴 때는 X값의 순서대로 직각으로 꺾인 점들을 연결해 가면 되는 것이다.

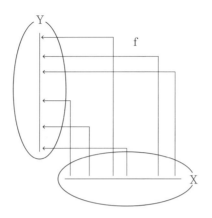

이렇게 무한 집합에서 함수의 대응관계를 좌표상의 그래프로 표현
하면 쉽게 표현하고 알 수도 있다. 이제 좀더 구체적으로 1차함수의
그래프부터 그려보자.

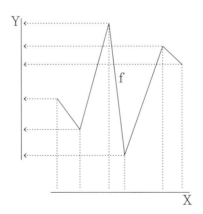

: 1차함수

중학생이 되면 처음으로 함수를 배우며 그 구체적인 사례로서 무한집합 상의 1차 함수를 배운다. 가장 간단한 함수이기 때문에 중1학년에 도입하는 모양이다.

하지만 함수라는 개념 자체는 너무 일반적이며 추상적인 개념으로서 어려운데도 불구하고 1차 함수는 직관적으로 너무나 간단한 함수이다.

직선을 긋는 간단한 일을 하는데 함수식이라는 복잡한 것을 사용하는 일에 학생들은 어이없다는 느낌을 갖게 될 수도 있다. 함수라는 거창한 개념이 나왔다면 그에 걸맞는 구체적인 함수가 바람직하지 않을까?

이런 불일치가 오히려 함수에 대한 학습 의욕을 꺾는 것은 아닐까하는 생각도 해본다. 괜히 1사분면, 2사분면, 절편, 기울기 등 어려운 용어만 나열하고, 정작 함수에 대한 보다 흥미로운 내용은 거의 없다.

함수 개념의 중요성을 깨닫게 하는데는 너무나 단순한 1차 함수의 소개만으로는 부족한 것이다. 그래서 학생들 대부분이 함수라는 개념의 가치를 모르는 상태로 고등학생이 되어 이제는 그 함수 때문에 고생하게 된다.

아무튼 우리는 가장 단순한 대응관계인 1차함수를 변화의 관점에서 다시 한번 생각해 보고 그 그래프도 그려보면서 1차함수의 성질을 간단히 알아보자.

변화의 관점에서 1차함수를 보자면 변화가 일정하게 일어나는 것을

1차함수로 표현할 수 있다. 즉 1차 함수로 표현된 변화는 일정하게 변화가 일어난 것들이다.

예를 들어 매달 월급날이면 10만원을 저금한다고 하면 예금액은 매달 일정하게 10만원씩 늘어날 것이다. 이런 변화를 1차함수로 표현할 수 있다.

〈기울기〉

1차함수는 직선이기 때문에 가장 중요한 것은 기울기(slope)이다. 그런데 의외로 대부분의 학생들이 이 기울기의 개념을 잘 이해하지 못하고 넘어간다.

$$\text{기울기} = \frac{\text{수직이동거리}}{\text{수평이동거리}}$$

우리 수학교과서에서도 기울기에 대해 그다지 강조해 주지도 않는다. 때문에 선생님도 그다지 강조하지 않는다. 그래서 학생들도 기울기라는 개념에 대해 깊이 생각하지 않고 넘어가 버린다.

그런 이유로 나중에 간단한 1차함수의 그래프임에도 불구하고 그래프를 그리는 것을 어려워하게 되는 것이다. 그런데 미국의 수학 교과서를 살펴보면 기울기의 개념에 대해 상당히 자세히 설명하고 있다.

우리도 기울기의 개념에 대해 깊이 통찰해야한다. 그래야 비록 간단한 직선이지만 이 직선을 좌표평면상에 쉽게 바로 그릴 수 있게 된다.

기울기란 구체적으로 우리가 등산을 할 때, 산의 가파른 정도를 생각하면 쉽게 알 수 있다. 즉 기울기란 수평면이 기준이 되는 것이다. 거기다 방향까지 고려한다.

그래서 먼저 수평선의 기울기는 0이다. 수평방향으로 이동하지만 수직방향으로는 전혀 이동하지 않기 때문이다. 이제 오른쪽 방향으로 위로 기울어진 선을 생각해 본다.

이 직선의 기울기라는 것은 수평이동 거리에 대해 수직방향으로 얼마나 이동한 것인지로 그 기울기를 표현하면 되는 것이다. 이렇게 같은 수평이동 거리에 대해 수직이동 거리가 크면 즉 위로 올라갈수록 기울기는 점점 커진다고 말하는 것이다.

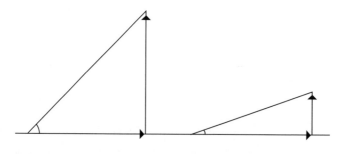

〈 산의 기울기는 수평이동거리에 대한 수직이동거리이다 〉

그리고 수직선이 되면 기울기는 무한대의 값이 되는 것이다. 수평이동거리는 0이 되어버리기 때문이다. 이제 수직선이 왼쪽방향으로 넘어가면 즉 뒤로 가면 기울기의 값은 음수가 된다. 이렇게 기울기의 의미를 정확히 이해하고 있을 필요가 있다.

대부분의 학생들은 이런 기울기의 의미를 제대로 이해하지 못하고 있는 것이다. 그래서 고1학년 때 다시 배우게 되는 직선의 방정식에서도 어려움을 겪는 것이다.

〈1차함수 그래프〉

먼저 1차함수 중에서도 가장 간단한 함수 f(x) = x , y = x인 함수의 그래프를 그려보자. 이 함수는 항등함수이며 1대1대응이기도 하다.

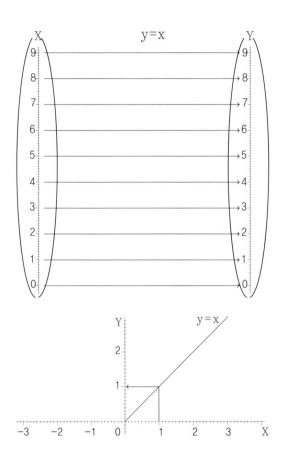

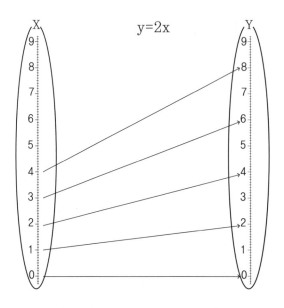

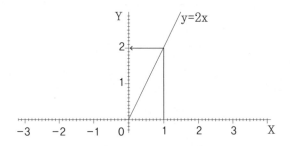

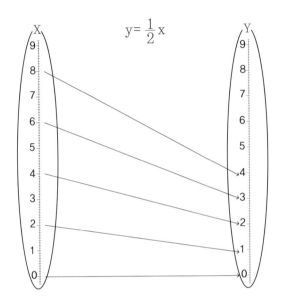

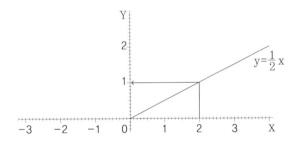

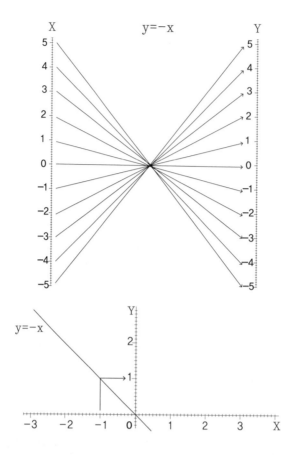

이 그림들을 보면 알겠지만, 좌표평면 상의 직선의 기울기는 바로 x에서 y로
의 대응의 상태와 관련이 있다는 것을 쉽게 알 수 있다.

즉 한달에 10만원씩 예금하는 사람의 저금액의 변화와 20만원씩 예금하는 사
람의 저금액의 변화, 5만원씩 저금하는 사람, 반대로 10만원씩 빚을 내는 사
람의 빚의 액수가 늘어나는 상태를 각각 표현한 것이라고 말할 수 있다.

이렇게 직선은 1차함수로 표현할 수 있다. 직선의 이야기 다음으로는 이제 우
리는 곡선의 이야기로 나아간다. 곡선에는 종류가 많다. 하지만 가장 간단한
곡선(원추곡선)은 2차함수로 표현할 수 있다.

12장

2차 함수

: 청춘의 고민거리

얼굴에는 여드름이 나기 시작하고, 이성에 대한 호기심도 서서히 생겨나고, 이런저런 고민거리가 많아지는 시기는 중학교 3학년생들이다. 그런데 그들에게 또 하나의 고민거리가 있으니 바로 2차함수이다.

중학생 3학년들은 2차함수 때문에 무척이나 괴롭다. 도대체 뭐가 뭔지 너무 복잡하고 어렵기 때문이다. 더구나 저런 것을 왜 배워야 하는 거야!! 하며 짜증이 나기도 한다.

학교에서 배우는 2차함수의 주된 내용은 2차함수의 그래프의 모양이나 위치를 찾아 좌표평면에 그리는 것이다. 그런데 왜 2차함수의 그래프를 그렇게 힘들게 그려야만 하는 걸까? 수학교과서에 있으니까? 시험문제에 나오기 때문에? 결코 그렇지가 않다.

2차함수는 일상생활에서도 현실적인 쓰임새가 매우 많다. 2차함수를 구체적인 활용법이라는 측면에서 접근하면 학생들은 2차함수를 보다 자연스럽고 쉽게 받아들일 수 있을 것이다.

2차함수의 그래프를 그리면 포물선이 된다. 포물선(抛物線)이란 한문의 뜻 그대로 하늘을 향해 물체를 던질 때 그 물체가 땅으로 떨어지면서 그리는 선이다. 농구장의 3점 슛은 아름답고 통쾌한 포물선을 그리며 골네트를 가른다.

야구장에서 타자가 홈런을 칠 때 날아가는 야구공이 그리는 선도 포물선이 된다. 축구장에서 축구선수가 멀리 공중으로 차올린 공도 포물선을 그리며 떨어진다. 대포로 쏘아 올린 대포알도 포물선을 그리며 떨어진다. 그리고 분수대의 물도 포물선을 그린다.

　우리 몸에서도 포물선을 찾을 수 있는데, 그것은 바로 치열(齒列)이
다. 원숭이의 치열은 U자형이지만, 인간의 치열은 포물선이라는 것
이다. 그래서 화석을 발견했을 때, 그것이 원숭이의 화석인지 인간의
화석인지 구분하게 해준다.

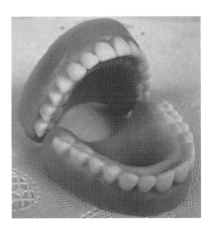

〈 인간의 치열 〉

〈포물선과 현대문명〉

이외에도 포물선을 찾아보자. 그리고 그 포물선이 어떤 2차함수 식으로 표현할 수 있는지 연구하고 조사해 본다면 2차함수도 그렇게 어려운 것이 아니고, 실감나며 친근하고 쉬운 것이라는 생각이 점점 들게 될지도 모른다.

우주선에서도 포물선을 사용한다. 포물선의 회전면인 포물면은 매우 실용적인 성질을 가지고 있기 때문이다. 로켓의 분사구는 포물면인데 로켓 연료를 폭발시킬 때, 그 폭발에너지가 포물면에 닿으면 모두 한 방향으로 반사되는 성질이 있다.

그래서 로켓을 그 반대방향으로 힘차게 밀어 올릴 수 있게 해준다. 포물면은 자동차 헤드라이트, 손전등, 위성 안테나 등에도 사용하고 있다. 이렇게 포물선은 매우 실용적인 곡선이기도 하다.

어두운 밤길을 자동차로 운전해 가기 위해서는 적어도 50m이상의 앞길을 밝

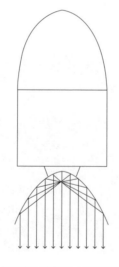

〈 로켓에 사용되는 포물선 〉

혀주어야 한다. 그럴려면 반드시 포물면을 사용하여 강력한 광선을 앞으로 쏘아 주어야 한다. 이렇게 현대 문명은 곳곳에 포물선을 사용하고 있다.

1차함수는 시간의 흐름에 따라 일정한 변화를 보이는 변화를 표현한 것인데 반해 2차함수는 처음에는 거의 변화가 없다가 점점 시간이 흐름에 따라 변화의 정도가 점점 커지는 변화이다.

1798년 영국 경제학자 맬서스(Thomas Robert Malthus, 1766 - 1834)는 인구론에서 식량은 1차함수로 표현되는 산술급수로 증가하는 것에 대해 인구는 2차함수로 표현되는 기하급수적으로 증가한다고 주장했다.

그래서 시간이 흐르면 인구증가률이 식량증가를 쉽게 따라잡아 빈곤과 기아가 발생한다고 경고하기도 했다. 이렇게 우리는 어떤 현상의 변화의 추이를 수학적으로 이해함으로서 식량정책이나 인구정책을 어떻게 해야할지도 결정할 수 있다.

: 2차함수 그래프

대부분의 학생들이 함수도 어렵지만 그 함수의 그래프를 그리는 것을 무척 어려워한다. 거기에는 그만한 이유가 있다. 학생들이 차분히 앉아 그래프를 그려보는 실습을 해본 경험이 전혀 없기 때문이다.

시험문제에 나온 함수식을 보면 그 함수식에서 변수의 값을 바꾸어가면서 함수식에 대입시켜 함수값을 계산해서 구해본다. 그리고 그

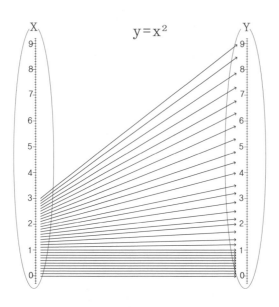

$$y=x^2$$

값들의 순서쌍으로서 좌표평면에 점을 찍어서 그래프를 그려보는 실습을 학생들이 직접 해봐야 한다.

그러면 아마도 2차함수의 그래프가 그렇게 어려운 것이 아니란 것을 실감할 수도 있다. 가장 간단한 2차함수 $y = x^2$의 그래프부터 그려보자. 그래프를 그리기 위해서는 정의역의 x의 값을 0부터 시작해 차례로 함수식 $y = x^2$에 대입해서 y값들을 구해야한다.

다음 그림에서 보듯이 x가 1보다 작을 때는 y의 값은 x보다 더 작아진다. 하지만 x가 1을 넘어서면 y의 값은 x보다 더 크게 증가하기 시작하는 것을 볼 수 있다.

이제 이것을 좌표축으로 옮기기 위해 먼저 정의역 X와 공변역 Y의 위치를 서로 바꾼다. 그리고 정의역 X를 옆으로 90도 회전한다. 그

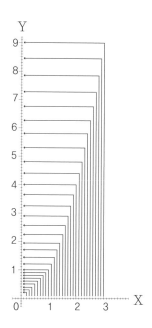

결과가 다음과 같은 그림이다.

　이런 작업을 x의 값이 음수일 때도 반복해서 두 그림을 하나로 합쳐 보면 다음 그림과 같은 대칭적인 부드러운 곡선이 얻어진다는 것을 알 수 있다.

　이렇게 해서 가장 간단한 2차함수의 그래프를 그리는 실습을 해보았다. 수학도 실습이다. 직접 해보지 않고는 실감하지 못한다. 문제풀이보다는 이런 것에 부지런을 떨어야 하는 것이다.

　의미도 모르면서 답이나 맞추어보는 문제풀이로 시간을 허송하지 말고 하나라도 확실히 자기 손으로 해보면서 자신의 지식으로 만드는 구체적인 작업에 부지런해야한다는 것이다.

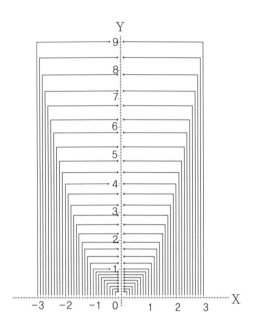

이제 다음 단계는 2차함수의 일반형$(y = ax^2+bx+c)$이니 표준형 $(y = a(x-p)^2+q)$이니 하는 것으로부터 그래프를 그리는 작업이다. 보통 학교에서는 일반형을 표준형으로 바꾸어야 한다고 말한다.

그래야 빠르게 꼭지점의 좌표와 대칭축을 구해서 그래프를 쉽게 그릴 수 있다고 말이다. 그렇기는 하지만 대부분의 학생들은 2차함수 그래프를 빠르게 그리는 일에는 관심이 없으니 그딴 복잡한 수식은 그저 짜증이 날뿐이다.

자신의 발등에 떨어진 불이 아니라면 자신의 관심사가 아니라면 아무리 좋은 것도 사람들은 싫어한다. 하지만 2차함수 그래프를 그리는 일이 생사의 문제가 된다면 누구라도 아마 집중해서 그 방법을 익히는 데 열중하게 될 것이다.

〈2차함수 일반형의 그래프 그리기〉

2차함수의 일반형을 보고 그 그래프를 그리기 위해서는 무엇이 필요한가? 먼저 2차함수 일반형 식으로부터 포물선의 꼭지점의 좌표를 찾아내면 된다.

다음에 위로 볼록한지 아래로 볼록 한지만 알면 2차함수의 그래프정도는 간단히 그릴 수 있다. 그래서 2차함수의 일반형을 표준형으로 바꾸어야 한다고 말한다. 하지만 대부분의 학생들은 이 단계를 넘어서지 못하고 만다.

일반형을 표준형으로 바꾸는 과정은 완전제곱꼴을 만들어야 하네 마네 하면서 적지 않게 복잡하기 때문이다.

그래서 우선 가장 간단한 $y = ax^2$의 그래프부터 그려보자. 이 함수의 포물선의 꼭지점은 원점(0 , 0)이다. 즉 x 값이 0이면 자동으로 y값도 0이 된다. 다음으로 a의 부호만 알면 된다.

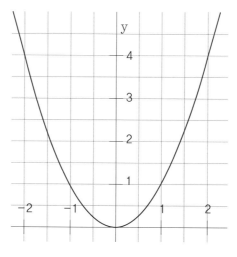

〈 $y = x^2$의 그래프 〉

즉 a의 값이 양수이면 아래로 볼록한 포물선이 된다. 반면 음수이면 위로 볼록이다. 이것을 모르는 학생은 아마 거의 없을 것이다.

이제 다음 단계로 $y = ax^2+bx$인 함수의 그래프를 그려보자. 이 식에서는 x를 공통으로 묶어 낼 수 있다. 즉 $y = x(ax+b)$로 고칠 수 있다. 때문에 $x = 0$이면 y값도 자동으로 0이 된다. 즉 그래프가 무조건 원점을 지난다는 것을 알 수 있는 것이다.

이제 남은 것은 포물선이 통과하는 x축의 다른 한 점의 좌표만 알아내면 된다. 그 점은 식 $ax+b = 0$을 만족하는 x의 값이다. 즉 $x = -(b/a)$이다. a, b의 부호에 의해 x축의 양의 방향인지 음의 방향인지만 알면 대강 그래프를 그릴 수 있다.

다음 그래프는 $y = x^2+x$의 그래프이다. $a = 1$, $b = 1$로 x 절편의 값이 -1이 되었다. 그리고 꼭지점의 좌표는 $(-\frac{1}{2}, -\frac{1}{4})$이다.

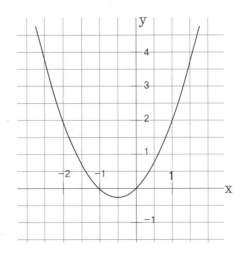

〈 $y = x^2+x$의 그래프 〉

여러분이 이것을 확인해 보고 싶다면 인터넷에 들어가 다음과 같이 함수의 그래프를 자동으로 그려주는 사이트에 들어가서 함수식을 입력해보자. 이 책에서 사용한 그래프 그림도 이 사이트에서 얻어온 것임을 밝혀둔다.

http://rechneronline.de/function-graphs/
함수 그래프를 그려주는 곳

이것으로부터 알 수 있는 것은 $y = ax^2+bx$의 그래프는 $y = ax^2$의 그래프를 모양은 바꾸지 않고 x축으로 $-\dfrac{b}{2a}$ 만큼, y축으로 $-\dfrac{b^2}{4a}$ 만큼 평행이동 시킨 것뿐이라는 것이다.

이제 마지막으로 $y = ax^2+bx+c$인 함수의 그래프를 그려보자. 이것은 매우 간단하다. 이제까지 $y = ax^2+bx$의 그래프를 그렸으면, 이 그래프를 y축 방향으로 c만큼 평행이동만 하면 되기 때문이다.

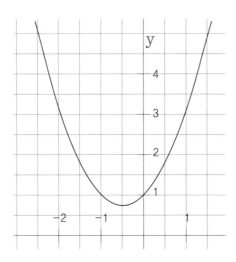

⟨ $y = x^2+x+1$의 그래프 ⟩

이렇게 비교적 2차함수의 일반형의 그래프를 쉽게 그릴 수는 있다. 하지만 우리는 어째든 일반형 함수식을 표준형으로 바꾸는 것도 익혀두는 것이 필요하다.

이는 2차 방정식의 근의 공식을 구하는 것과 같은 과정이며, 꼭 알아두어야만 하는 기본적인 과정이기 때문이다. 이 과정을 잘 알아두면 중 고등학교 수학의 거의 대부분을 잘 할 수 있게 된다.

〈일반형을 표준형으로〉

2차함수 일반형 $y = ax^2+bx+c$에서 먼저 x 항만 a로 묶는다.

$$y = a\left(x^2 + \frac{b}{a}x\right) + c$$

다음에 괄호 안을 완전제곱꼴로 만들기 위해 $\left(\dfrac{b^2}{2a}\right)$을 더해주고 빼준다.

$$y = a\left(x^2 + \frac{b}{a}x + \left(\frac{b}{2a}\right)^2 - \left(\frac{b}{2a}\right)^2\right) + c$$

$x^2 + \dfrac{b}{a}x + \left(\dfrac{b}{2a}\right)^2$만을 완전제곱꼴 $\left(x + \dfrac{b}{2a}\right)^2$로 만들고 나머지 항을 정리하면 표준형이 나온다.

즉 포물선의 꼭지점의 좌표는 $p = -\dfrac{b}{2a}, \quad q = -\dfrac{b^2-4ac}{4a}$ 이다.

$$y = a\left(\left(x + \frac{b}{2a}\right)^2 - \left(\frac{b}{2a}\right)^2\right) + c$$

$$y = a\left(x + \frac{b}{2a}\right)^2 - \frac{b^2-4ac}{4a}$$

	기본형	표준형	일반형
1차함수	$f(x) = x$	$f(x) = ax + b$	
2차함수	$f(x) = x^2$	$f(x) = a(x-p)^2 + q$	$f(x) = ax^2 + bx + c$

: 포물선의 초점

앞에서 포물선은 로켓분사구나 위성안테나 등 여러 실용적인 특징이 있다고 말했다. 그것은 포물선의 초점에서 사방으로 방사된 빛 등이 포물선에서 반사되면 평행선으로 변하는 성질이 있기 때문이다.

그래서 우리는 임의의 포물선의 초점의 좌표를 찾는 법을 알아보고자 한다. 다음 그림에서 본 것처럼 포물선은 준선(準線) y =-f와 초점 F에서 같은 거리에 있는 점들의 집합이다.

포물선 상의 임의의 점을 P(x, y)라 하면 PF=PH이다. 따라서 PF²=PH² 이고, △PP'F가 직각삼각형이기 때문에 피타고라스 정리에 의해 $PE^2 = (y - f)^2 + x^2 = (y + f)^2 = PH^2$ 이다.

이것을 전개해서 정리하면, $y^2 - 2yf + f^2 + x^2 = y^2 + 2yf + f^2$

$$-2yf + x^2 = 2yf$$
$$x^2 = 4yf$$
$$y = \frac{x^2}{4f}$$

으로 초점과 관련된 포물선의 식을 얻을 수 있다.

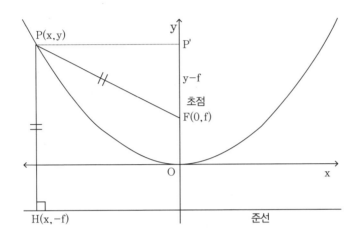

즉 포물선의 식이 y=ax²라면 $a = \dfrac{1}{4f}$ 이다. 고로 $f = \dfrac{1}{4a}$ 이다. 이것으로 우리는 어떤 포물선이라도 그 초점의 좌표를 찾을 수 있을 것이다.

13장

삼각함수

: 세상은 진동한다

세상은 온통 진동으로 가득하다. 우리가 진동을 제대로 이해하지 못한다면 세상의 대부분을 이해하지 못할 것이다. 진동은 우리의 삶에 무척 깊이 관련되어있다.

우리가 하루하루를 살아가기 위해서는 심장박동도 힘차게 진동해야 하고, 우리가 말하기 위해서는 성대도 진동해야만 한다. 진동은 여러 가지로 어려운 문제도 야기한다. 그래서 진동만 전문적으로 연구하는 전문가들도 적지 않다.

이 진동을 무시했다가는 큰 사고가 나기도 한다. 1831년 4월 12일 경에 74명의 영국의 한 보병 부대가 4열 횡대로 발맞춰 행진하며 브로튼(Broughton) 현수교를 건너가고 있었다.

그런데 군인들의 규칙적인 발걸음이 그만 다리의 고유진동수와 일

〈 붕괴된 앙제다리 〉

치해 점점 진동이 커지면서 다리가 무너지는 사고가 일어난 것이다. 그래서 군인들은 팔다리가 부러지는 등의 중상을 입었다.

1850년 프랑스의 앙제(Angers) 다리에서도 같은 사고가 일어났다. 500여명의 병사가 다리를 행진하다가 다리가 무너져 226명이 사망하는 대형사고가 일어난 것이다. 그 뒤로 프랑스에서는 현수교를 건널 때는 군인들이 보조를 맞추어 행진하지 않도록 했다.

1940년 7월 1일 개통한 워싱톤 주의 타코마(Tacoma) 다리는 세워진 지 4개월 후인 11월 7일에 풍속 19m/s라는 가벼운 바람에 의해 비틀림 진동이 생기면서 진폭이 점점 증가해 케이블이 끊어지면서 다리는 무너져 내렸다.

이 다리는 분명 풍속 60m/s에도 견딜 수 있도록 튼튼한 강철다리로 설계되었는데도 이러 사고가 일어난 것이다. 그래서 이제 단순히 튼튼하게 만든다고 충분한 것이 아니라는 것이 분명해 졌다.

〈 약한 바람에도 공명현상으로 무너지는 타코마 다리 〉

2000년 21세기를 기념해 영국에서는 런던 템스강에 밀레니엄 다리라고 명명된 다리가 건설되었다. 그런데 이 다리의 개통식 날 다리 양쪽에서 많은 사람들이 걸어오면서 다리가 크게 흔들렸다. 곧 다리는 폐쇄되고 말았다.

2011년 7월 5일에는 대한민국에서도 공명현상이 일으키는 사건이 발생했다. 서울 광진구 구의동 강변 테크노마트라는 거대한 건물이 크게 흔들려 입주민들이 긴급 대피하는 소동을 빚었다.

이 건물은 지하 6층, 지상 39층짜리 복합 전자유통센터 건물로 멀티플렉스 영화관, 피트니스 센터, 전자제품 상점들과 사무실 등이 입주해 있었다.

〈 흔들리는 테크노마트 〉

그런데 영화 장면에 맞추어 관객이 앉은 의자가 움직이며 발생하는 진동과 피트니스 센터에서 작동중인 러닝머신에서 발생한 진동이 건물에서 서로 공명해 건물을 크게 흔들었을 것으로 전문가들은 진단하고 있다.

이처럼 외부의 작은 요동일지라도 그것에 진동수가 맞아서 공명현상이 일어나면 다리가 파괴되고 건물이 크게 흔들리는 것이다. 그래서 구조물의 길이 등이 갖는 고유 진동수가 다르게 설계하여 공명 현상이 일어나지 않도록 고려하는 것이 필요해졌다.

이런 문제를 분석하고 대책을 세우는데 바로 삼각함수라는 수학적 지식이 절실하게 요구된 것이다. 삼각함수는 여러 가지 진동을 기본적인 진동으로 분해해 주는 진동을 분석하는 수학이다.

: 각도와 길이의 중매쟁이

우리는 도형에 대해 공부하면서 각도는 각도기라는 것으로 측정하고 길이는 반듯한 자로 측정한다는 것을 각각 배웠다. 이렇게 각도와 길이는 원래 아무런 관련이 없었다.

하지만 각도와 길이가 서로 관련이 있다는 것을 우리는 자연현상에서 비교적 쉽게 찾아낼 수가 있다. 그것은 바로 마당에 수직으로 세워진 막대의 그림자 길이가 그것이다.

해가 떠서 햇빛을 비추면 그림자가 생긴다. 그런데 햇빛이 비추는 각도가 커지면 그에 정확히 비례해서 그림자의 길이도 점점 길어진다.

이렇게 한쪽의 각이 직각으로 고정된 직각삼각형은 이 각도와 길이 사이를 친한 사이로 맺어주는 중매쟁이로 등장한다. 그래서 각도와

길이사이에서 삼각법이라는 아이가 탄생하게 된 것이다.

각도와 길이라는 서로 다른 것이 결합해서 생긴 삼각법은 매우 강력한 능력을 가지고 있다. 그래서 삼각법은 고대로부터 여러 분야에서 사용하기 시작한 것이다.

: 삼각법의 아버지

삼각법(trigonometry)이란 직각삼각형의 닮음의 성질과 두 변의 비의 값을 사용하여 측량 등에 사용하는 것이다. 이 삼각법의 창시자는 고대 그리스의 천문학자 히파르코스(Hipparchos, B.C.190-125)이다.

〈 히파르코스 〉

〈 삼각법 〉

히파르코스는 달까지의 거리를 삼각법으로 측정했다고 한다. 달이 남중하는 지점과 그 달이 지평선상에 떠오르는 지점에서 동시에 달을 관측해서 달까지의 거리를 구했다는 것이다.

당시에는 정밀한 시계가 없었기 때문에 동시에 멀리 떨어져서 달을 관측하는 것이 어렵다. 그래서 히파르코스는 월식이 일어나는 때를 맞추어 제자를 9천km 떨어진 지점에 파견했다.

그렇게 측정한 달까지의 각도와 지구의 반지름이 약 6300km인 것을 바탕으로 하여 달까지의 거리를 계산했다. 그 결과 달까지의 거리는 지구 반지름의 약 59배로 38만km라는 것이다.

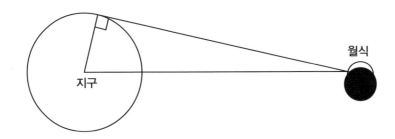

오늘날 레이저 등을 이용한 측정값 38만4천km 값과 크게 차이가 없다는 것을 알 수 있다. 이처럼 삼각법은 고대시대부터 사용된 매우 강력한 측정방법이었다. 그래서 삼각법은 오랜 동안 천문학, 지리학, 항해학, 탄도학 등에 사용된 기본적인 학문이 되었다.

하지만 삼각법은 학생들에게 매우 어렵다. 삼각법이 학생들에게 어려운 것은 낯선 삼각비의 기호가 갑자기 등장하기 때문이다.

사인(sin), 코사인(cos), 탄젠트(tan) 라는 기호는 이제까지의 수학기호와도 너무 다르다. 더구나

$$\sin\theta = \frac{높이}{빗변}, \quad \cos\theta = \frac{밑변}{빗변}, \quad \tan\theta = \frac{높이}{밑변}$$

라고 하는데, 왜 빗변 분의 높이를 사인(sin)이라고 해야 하느냐고

하는 짜증 섞인 의문이 들기도 한다. 그렇게 삼각법에 친숙해지는데는 상당한 시간이 걸린다.

sin이라는 기호는 원래 활시위(jiva)를 의미하는 인도의 말이 라틴어(sinus)로 번역되고, 이것이 영어 sine로 바뀌고 결국에는 수학자 오일러가 간단히 sin, cos, tan로 기호화했다.

그렇게 어렵게 조금씩 친해진 삼각법은 다시 변신을 해서 삼각함수라는 괴물이 된다. 그러니 정이 뚝뚝 떨어지는 것이다. 많은 학생들이 삼각함수 하면 고개를 절레절레 흔드는 것도 결코 엄살은 아니다.

문제는 이렇게 간단치 않은 것을 우리 수학교과서들은 너무나 불친절하게 설명하며 구렁이 담 넘는 식으로 어물쩍 넘어간다는 것이다.

인간의 학습 원리에서 생각하면 배워야 하는 이유를 모르면 학습이 잘 이루어지지 않는다는 점이다. 우리의 수학교육을 담당하고 있는 관료들이나 학자들 교수들은 이런 점을 전혀 고려하지 않은 것으로 보인다.

그냥 이런 것이 있다고 알아두라면 열심히 공부해서 머리 속에 잘 집어 넣어둬 라는 식의 일방적인 강요의 교육인 것이다. 아무리 어린 학생들이라도 자존심이라는 것이 있다.

그렇게 자존심에 상처를 입으면 아무리 좋은 것일지라도 받아들일 수 없게 된다. 삼각법이나 삼각함수가 어려운 이유 중에 이런 학생들에 대한 배려가 전혀 없는 일방적인 강요식 교육 때문이라고 나는 생각한다.

어린 학생들이 삼각함수에 대해 받게 되는 문화적 충격 등을 고려하면서 실용적인 가치도 강조해 준다면 적지 않은 도움이 될 것이라고 본다.

: 삼각함수

오일러는 삼각법을 삼각함수라는 근대적인 개념으로 확장했다. 먼저 삼각법이 삼각함수로 변신을 하려면 하나의 선행 단계가 필요하다. 그것은 바로 호도법(radian)이라는 조금은 쌩뚱 맞은 것이다.

1871년경 톰슨(James Thomson, 1822~1892)이 호도법을 만들어냈다.

문제는 이 호도법이 왜 필요한지 우리 수학교과서나 참고서 어디에서도 아무런 설명도 없이 그냥 도입하고 있다는 것이다. 심지어 수학 선생님도 아무런 설명이 없이 그냥 호도법을 칠판에 설명할 뿐이다.

그냥 배우라면 닥치고 받아들이라는 것이다. 하지만 수학은 의문의 학문이다. 의문이 없는 자(백치(白痴)), 의심이 없는 자를 우리는 바보라고 부른다. 의심하지 말고 믿으라는 것은 사기꾼들이나 하는 소리다.

수학을 하는 사람 학문을 하는 사람은 얼마든지 의심하고 또 의심해야 하며 의심하는 것을 당연하게 여겨야 한다. 호도법을 왜 도입해야할까? 하고 의심하고 이유를 알아내야 한다.

우선 삼각법을 잘 생각해 보면 삼각법은 각도와 삼각형의 변의 길이를 1대1 대응시킨 하나의 함수라고 볼 수 있다. 그런데 수학자들이 보통 함수를 만들거나 사용할 때는 실수 집합에서 실수집합으로의 일의 대응으로 하는 것이다.

이것이 다루기 쉽고 익숙하고 편리하기 때문이다. 각도가 수에 대응하는 것을 그대로 함수로 다루는 것은 여러 가지로 난감하다. 그래서 각도를 수치로 변환하는 호도법이 도입된 것이다.

1호도란 원에서 반지름과 길이가 같은 원호가 이루는 각도의 크기로 약 $57°17'45''$ 정도이다. 반대로 $1°$는 약 $0.01745\mathrm{rad}$이다.

이제 반지름의 길이가 1인 단위원에서 반지름을 원주 상에서 시계 반대방향으로 회전시킨다. 그때 원주상의 점에서 세로축과 가로축에 수직선을 내린 점의 값이 각각 sin함수 cos함수의 값이 된다.

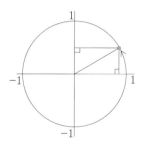

다음 그림은 삼각함수 그래프를 그리는 기계장치다. 아래쪽 톱니바퀴가 회전하면서 앞으로 굴러가면 위쪽의 톱니바퀴는 반대방향으로 회전하면서 좌표 평면상에 그래프를 그리게 된다.

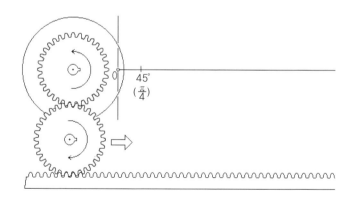

45°쯤 회전했을 때, 호도법으로는 $\frac{\pi}{4}$ 가 되며, 그때의 sin함수의 값은 0.7정도 된다.

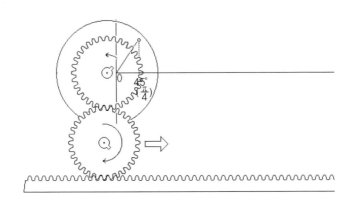

계속해서 90°회전을 하면 $\frac{\pi}{2}$ 가 된다. sin함수의 값은 1이 된다. 이런 식으로 계속해서 한 주기를 완성하게 된다.

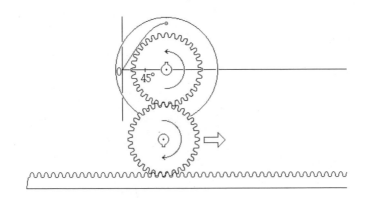

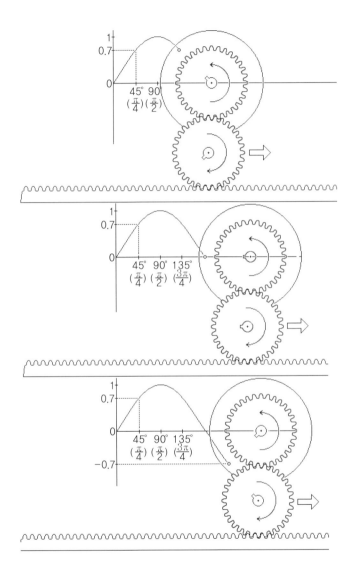

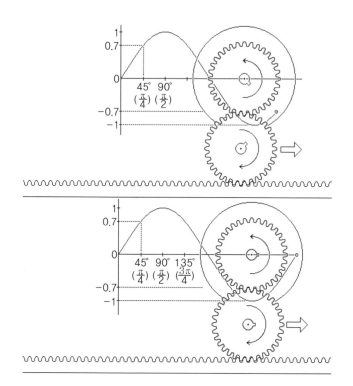

: 세계지도와 삼각함수

대항해 시대에 정확하고 항해에 편리한 세계지도는 곧 국가 경쟁력을 의미했다. 당시 지도를 만드는 사람들은 망망대해에서 배가 길을 잃지 않기 위해서 정확한 방향을 쉽게 찾을 수 있도록 지도를 만들어야 했다.

마젤란의 세계일주로 태평양의 넓이가 알려지면서 지도제작자들은 혼란에 빠졌다. 새로 발견된 신대륙과 태평양을 지도에 끼워 넣어야 하기 때문이다. 이제까지 알고 있던 지역의 경도 값도 믿을 수 없게 되었다.

16세기 들어 바다의 주역은 스페인에서 신흥국가 네덜란드가 되었다. 그와 함께 지도출판의 주역도 이탈리아에서 네덜란드가 되었다.

1569년 네덜란드의 지리학자 메르카토르(Gerardus Mercator, 1512-1594)는 경도값 등을 수정하고, 신대륙과 태평양이 그려진 세로 1.3m 가로 폭이 2m되는 거대한 세계지도를 출판했다.

세계지도를 만든다는 것은 지구라는 구면상의 대륙의 모습을 평면의 종이위로 옮기는 것이다. 따라서 왜곡이 일어날 수밖에 없다.

그럼 항해에 필요한 정확한 지도는 어떻게 만들면 좋을까? 어디를 보아도 바닷물밖에는 보이지 않는 망망대해에서 배의 위치나 나아가야 할 방향을 어떻게 알아낼 수 있을까?

지도를 보면서 현재 배가 위치하고 있는 지점을 찾아야 한다. 배의 위치는 지도상에서 위도와 경도로 표시된다. 위도는 정오에 태양의 고도를 측정하는 것으로 비교적 쉽게 알아낼 수 있다.

반면에 경도를 구하는 것은 매우 어렵다. 경도를 구하려면 1초의 오차도 허용하지 않는 정밀한 시계가 필요한데 당시의 기술력으로는 아직 그런 정밀한 시계를 만들지 못했다.

그렇다면 어떻게 하면 좋을까? 경도를 정확히 측정할 수는 없지만, 경선 자체는 나침반에 의해 바로 알 수 있다. 나침반은 늘 경선과 거의 평행하기 때문이다.

그래서 경선이 모두 평행하면서 위선과 늘 직교하도록 지도를 제작하면 좋겠다는 생각을 한 것이다. 그것이 메르카토르 투영법으로 지도를 제작하는 방법이다.

이 투영법은 지구를 원통의 종이에 투영하는 것으로 지축과 원통의 중심을 일치시켜 그림과 같이 투영하며 지도를 그린다. 그럼 위선은 모두 적도와 같은 길이가 되고 경선은 위선과 직교하는 평행직선이 된다. 이렇게 지도를 그려 나가는 데는 삼각함수의 지식이 꼭 필요하다.

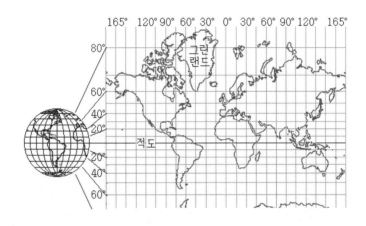

배의 항로를 구하는 항해사가 메르카토르 지도에서 출발지와 목적지를 그냥 직선으로 잇기만 하면 그것이 그대로 항로가 되는 매우 편리한 항해지도이다. 이 항로를 등각항로라고 부르기도 한다.

이 등각항로가 경선과 이루는 각도를 측정해서 나침반을 보면서 항상 그 각도만 유지하며 항해를 하면 바라는 목적지에 안전하게 도착할 수 있는 것이다. 즉 거리는 무시하고 방향만 생각하는 항해방법이다. 네덜란드는 이 지도를 이용해서 세계의 해양강국으로 우뚝 설 수 있었다.

그래서 오늘날 벽에 걸린 대부분의 세계지도가 이 메르카토르 지도가 된 것이다. 문제는 이 지도에서는 고위도 지역으로 갈수록 거리의 왜곡이 심각해진다는 점이다.

위도 60°지역에서는 원래 위선의 길이는 적도의 절반이기 때문에 2배나 늘어나게 된다. 경선도 마찬가지로 2배로 늘어난다. 그래서 면적은 4배로 확대된다. 위도 70°의 그린랜드의 면적은 실제보다 17배나 확대되어 아프리카 대륙과 비슷하다.

적도에 있는 아프리카 대륙은 상대적으로 작아 보이고 시베리아나 북유럽, 북미 등은 더 넓어 보인다. 그래서 선진국은 크게 후진국 아프리카를 의도적으로 작게 그린 제국주의의 음모라고 말하는 사람도 있지만, 대항해 시대에 항해술을 위해서 불가피한 선택이었을 뿐 아프리카 대륙을 폄훼할 의도는 없었다.

14장

지수함수

: 세균의 번식

생물학자들은 연구를 하기 위해 세균이나 곰팡이 등을 샤알레(Schale)라고 하는 작은 유리접시에 영양분으로서 한천(寒天) 등을 제공하며 배양한다.

이때 세균은 얼마나 빠른 속도로 번식하게 될까? 세균의 분열 속도는 상당히 빨라서 30분이 지나면 분열해서 그 수가 2배로 늘어난다. 즉 한 마리의 세균이 30분이 지나면 $2(=2^1)$마리, 1시간이 되면 $4(=2^2)$마리, $8(=2^3)$마리, $16(=2^4)$…식으로 늘어난다.

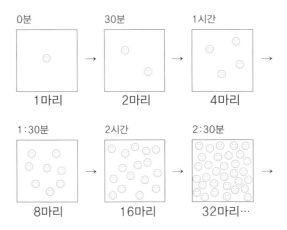

6시간 후면 4096마리가 되고, 15시간이 지나면 10억7천3백7십4만 1천824마리가 된다. 그리고 하루가 지나면 5백조 마리라는 엄청난 수가 된다.

세균은 단순하게 둘로 갈라지는 이분법이라는 아주 단순한 번식방법을 사용하지만, 이런 엄청난 번식력을 자랑한다. 그래서 세균이 무서운 것이다.

이 엄청난 번식력으로 질병을 일으키면 급격하게 퍼져나가기 때문이다. 이 세균의 번식력을 잘 이용하는 지혜로운 이야기도 전해진다.

즉 한 놀부 같은 부자 양반 집에 머슴살이를 하게 된 젊은이가 있었다. 그는 일한 대가로 하루는 쌀 한 알을, 다음 날은 두 알을, 셋째 날은 4알, 5째 날은 8알, 이런 식으로 전날의 두 배씩 쌀을 받는 조건으로 계약을 원한다.

놀부 심보 양반은 고작 쌀 한 알을 달라는 말에 너무 기분이 좋아 어리석다고 생각하는 그 젊은이와 흔쾌히 계약을 한다. 하지만 한 달이 되니 주어야할 쌀은 120가마나 되었다. 그리고 다음날에는 240가마를 그 다음날은 480가마가 된다.

곧 전 재산을 지혜로운 젊은이에게 전부 빼앗길 지경이 된 놀부 양반은 그때서야 깜짝 놀라 젊은이에게 울며불며 사정을 했다는 이야기다.

: 인구증가

세균의 번식력만 무서운 것은 아니다. 영국의 경제학자 맬서스 (Thomas Robert Malthus, 1766-1834)는 인구론에서 인구는 기하 급수로 증가한다고 주장한다. 반면 식량은 산술 급수로 증가한다.

때문에 인구는 곧 식량의 양을 따라 잡아 기아에 직면하게 된다고 말하고 있다. 우리 주변에는 이렇게 기하급수로 증가하는 현상들이 적지 않게 많다.

자본의 자기증식성도 마찬가지 현상이다. 그래서 부자는 더욱 부자가 되고 가난한 사람은 더 가난해 지는 부익부 빈익빈 현상도 나타난다. 우라늄 등의 방사성원소의 붕괴도 기하급수적으로 일어난다.

이렇게 약간의 시간만 지나도 무서운 속도로 증가하는 현상을 나타내는 함수가 바로 지수함수이다. 앞에서 세균이 이분법으로 증가하기 때문에 어떤 시간에 세균 수는 $2^{시간}$으로 구할 수 있다. 이제 시간을 독립변수 x로 하면 세균수 = 2^x이다.

또 다른 특이한 세균은 3분법으로 번식한다고 하자. 그럼 특정시간 x에서 그 세균의 마리수 y는 y = 3^x으로 구할 수 있다. 이런 식으로 지수를 독립변수 로 하는 함수가 바로 지수함수이다.

$$y = a^x \, (a \text{ 는 1이 아닌 양수})$$

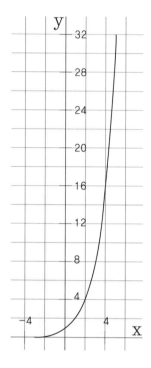

〈 $y = 2^x$의 그래프 〉

이 함수의 그래프를 좌표평면상에 그려보면 그림과 같이 2차함수
와 유사하지만 곧 더 빠른 속도로 증가하는 것을 알 수 있다. 어떤 수
의 0승은 항상 1이기 때문에 지수함수 그래프는 항상 (0, 1)인 점을 통
과한다.

또한 $a^1 = a$이기 때문에 반드시 (1, a)인 점을 지나야 한다. 그리
고 양수를 거듭제곱하면 반드시 양수가 되기 때문에 지수함수의 치
역은 양수뿐이다. 지수 함수적으로 증가하는 것의 특징은 이미 존재
하는 양에 비례해서 증가한다는 것이다. 지수함수의 역함수는 로그

함수이다.

역함수를 구하기 위해 먼저 지수함수 $y = a^x$의 x와 y 자리바꿈을 한다. 즉 $x = a^y$를 만들고 이것을 다시 y에 대한 식으로 정리한다. 즉 $y = \log_a x$이다.

: 지수함수 $y = e^x$

세균은 이분법으로 번식하지만 사실 자연에서 종종 나타나는 번식 방법은 정확히 이분법이 아니라 2.71…의 수로 번식한다. 2.71번식 이라니 조금은 이상할 것이다.

2.71…이라는 수는 자연대수 e라고 부르는 무리수이다. 이 수는 고 등학생 때 배운다. 자연대수 e는 다음과 같은 수식으로 정의한다.

$$e = \frac{1}{0!} + \frac{1}{1!} + \frac{1}{2!} + \frac{1}{3!} + \frac{1}{4!} + \frac{1}{5!} + \cdots$$

$$e = \frac{1}{1} + \frac{1}{1} + \frac{1}{2} + \frac{1}{6} + \frac{1}{24} + \frac{1}{120} + \cdot$$

$$e = \lim_{n \to \infty} \left(1 + \frac{1}{n}\right)^n = 2.718281828\cdots$$

그런데 이 수는 재미있게도 물리현상, 생물현상, 사회현상 등에서 나 타난다. 이제 그 구체적인 사례를 하나 살펴봄으로서 자연대수 밑 e를 실감해보자.

〈소문의 번식방법 e〉

발 없는 말이 천리 간다는 소문...소문이라는 것은 도대체 어떻게 퍼져나가며, 또 왜 조용히 사그러 드는 것일까? 소문이 멀리 퍼지거나 퍼지지 않고 사그러 드는 데는 어떤 이유가 있는 것일까?

소문이 사람들에게 멀리 퍼져나가기 위해서는 그 소문이 평균적으로 자연대수 e(=2.71)명의 소통이 필요하다고 한다고 한다. e명 미만의 경우에는 그 소문은 얼마 퍼져나가지 못하고 곧 자연 소멸 해버린다고 한다.

〈 소문이 퍼지기 위한 수학 〉

우선 소문이 소문으로서 전파되기 위해서는 소문의 신빙성이 중요하다. 그럼 소문의 신빙성은 어떻게 결정되는가? 중요한 것은 정보원이 단수인가 복수인가의 차이다.

단 한사람에게 들은 소문은 그저 개인적인 의견에 지나지 않는다. 즉 그다지 신빙성이 없는 거다. 하지만 두 사람에게 거의 동시에 듣게 되면, 이제 그 소문은 하나의 사실이라고 생각하게 된다.

하지만 사실이라고 해서 모두 소문으로 퍼지지는 않는다. 많은 학문적 지식들이나 현자들의 지혜로운 말씀이 대중들에게 잘 전파되지 않는 것만 봐도 알 수 있다.

어딘가에서 금광이 발견되었다는 소문처럼 소문 그 자체가 어떤 실용적인 가치를 가지고 있어야 한다. 소문이 소문으로서 퍼져나가기 위해서는 사실 이상의 것이 필요하다는 것이다.

그럼 소문의 내용과 상관없이 소문이 퍼져나가기 위해서는 또 무엇이 필요할까? 그것은 또 한사람의 소문 전달자이다. 그 사람은 소문을 직접 듣는 사람이 아니고 숨어서 엿듣는 사람이다.

숨어서 엿듣기 때문에 정확한 내용을 알 수가 없다. 이 불확실성이 오히려 소문을 확대 재생산하는 원동력으로 작용하게 된다. 사람은 호기심이 있어서 불확실한 내용을 그대로 방치해 두지 못한다.

그래서 그 소문을 다른 사람들에게 묻고 다닌다. 이렇게 해서 소문은 사실 이상의 가치를 갖는 것처럼 사람들에게 인식된다. 그렇게 소문은 계속 확대 재생산된다. 소문을 엿듣는 그 한사람 때문에 말이다. 하지만 그 사람은 한 명으로 계산해 줄 수가 없다.

소문의 내용을 확실하게 모르기 때문이다. 그래서 0.71명으로 계산한다. 소문이 퍼져나가기 위해서는 최소한 2.71명에게 소문을 들으면 되는 것이다.

1947년 미국의 심리학자 올포트(Gordon Willard Allport, 1897 −1967)와 포스트맨(Leo Joseph Postman, 1918−2004)은 다음과 같이 소문의 유포량을 공식화했다.

$$R(\text{소문의 유포량}) = i(\text{소문의 중요도}) \times a(\text{소문의 애매함})$$

이것은 소문의 내용이 중요하고 상황이 애매하면 애매할수록 소문은 무섭게 퍼져나간다는 것을 의미한다. 음모론도 정보의 부정확함 때문에 생겨난다.

미국 대통령 케네디 암살사건이나, 911테러 등에서 음모론이 난무한다. 음모론은 정보가 애매하기 때문에 사람들의 관심을 끌게되어 반복 확산된다. 뭔가 소문을 멀리 퍼뜨리고 싶은가? 그렇다면 자연대수 e를 잘 활용하면 된다.

15장

함수의 미분

미분이란 변화의 순간을 포착하는 것이다.

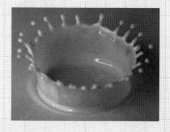

: 함수를 베어라

미적분학에서 미분을 한다는 것은 함수를 자른다(미분)는 것이다. 그렇다면 도대체 어떻게 함수를 미분한다는 것이며, 그렇게 함수를 잘라서 뭘 어떻게 한다는 것일까?

이 장에서는 미분의 의미가 무엇인지 알아보고자 한다. 우리가 함수를 배우는 목적의 하나는 그 함수를 미분하고 적분하기 위해서이기 때문이다.

우리는 앞에서 함수란 것은 변화를 수학적으로 표현한 것이라고 했다. 그럼 함수를 미분하는 것은 변화를 미분하는 것이라고 말할 수 있다.

변화를 미분한다는 말은 변화의 순간을 알아낸다는 의미이기도 하다. 예를 들어 비디오 카메라로 찍은 동영상을 일시 정지시킨 상태라고 말할 수 있다.

1872년 경마장에서 사람들 사이에서 논쟁이 벌어졌다. 말이 최고 속도인 습보(gallop)로 달릴 때, 네 발굽이 모두 땅에서 떨어지는 순간이 있는가하고 누군가 의문을 제시했고, 사람들은 그 옳고 그름에 돈까지 걸었다.

말의 걸음걸이는 속도에 따라 크게 평보, 속보, 구보, 습보로 나눈다. 평보는 발굽이 땅에서 모두 떨어지는 때가 없다. 반면 구보는 말이 점프를 하며 달리기 때문에 발굽이 땅에서 모두 떨어지는 것을 쉽게 볼 수 있다.

하지만, 속보와 습보는 네발이 교대로 복잡하고 빠르게 움직이기 때문에 쉽게 알 수가 없었다. 말이 달리는 순간 순간을 정지시켜놓고 관찰 할 수 있다면 바로 알 수 있을텐데 말이다.

당시에는 아직 사진기술이 발달하지 않아 움직이는 물체를 연속적으로 찍는 것이 쉽지 않았다. 말이 달리는 모습을 그림으로 묘사한 화가들도 땅에 닿은 발굽의 개수가 서로 달랐다.

습보시 말발굽이 모두 땅에서 떨어지는 때가 있다고 믿은 캘리포니아 주지사 스탠포드(Leland Stanford, 1824-1893)가 영국의 사진작가 마이브리지(Eadweard J. Muybridge, 1830-1904)에게 말이 달리는 순간들을 촬영해 달라고 부탁했다.

1877년 드디어 사진감도를 높이고 셔터속도도 높여서 달리는 말의 모습을 찍는데 성공했다. 이렇게 빠르게 움직이는 물체의 사진을 찍는 것으로 우리는 빠른 변화로 일어나는 현상들을 아주 잘 이해할 수 있게 되었다.

　이렇게 새로운 사진기술로 달리는 말의 순간적인 모습을 포착하듯이 수학에서는 함수를 미분하는 일이 고속촬영기술에 해당한다. 미분이란 빠르게 변하는 것의 순간적인 모습을 잘 관찰하기 위하여 개발한 계산법인 것이다.

: 미분을 느껴보자

　느낌은 수학공부의 출발점이다. 느낄 수 없다면 수학공부는 실패할 수밖에 없다. 한번을 만나도 느낌이 중요해(이지연 노래)라는 노랫말이 있는 것처럼, 사람이 어떤 대상이나 사람을 처음 접할 때, 가장 먼저 그 대상에 대한 느낌을 갖게 된다.
　느낌이란 자신이 어릴적부터 경험해온 온갖 감각들을 불러와서 하나로 종합하여 그 대상에 일치시키는 순간적이고 직관적인 작용이며,

우리 인간의 원초적인 대응이기도 하다.

그래서 첫인상이 중요하다고 말하기도 한다. 그 느낌이 그 사람에 대한 모든 것을 형성하는 바탕이 되기 때문이다. 수학도 마찬가지로 느낌이 수학공부의 출발점이요 바탕이 된다.

사물의 많고 적음에 대한 느낌을 양감이라고 부른다. 유아들에게 먼저 양감을 키워주어야 한다. 이 양감이 잘 발달해서 형성되지 않으면 수를 익히는 것이 힘들게 된다.

먼저 아이들은 사물들의 많고 적음에 대한 다양한 크기의 양감을 충분히 느낌으로서 그 양감을 숫자로 표현하는 단계로 넘어가게 된다.

하지만 양감을 충분히 느껴보지 못한 아이들은 작은 수는 쉽게 이해하지만 점점 큰 수가되면 그것이 얼마나 큰 수를 의미하는지 느낄 수 없고, 느끼지 못하니 알 수도 없게 되는 것이다.

100이 얼마나 큰 수인지는 누구나 쉽게 느낄 수 있다. 10원 짜리 동전 10개를 모으면 100원 하는 식으로 구체적인 대상을 경험 속에서 바로 불러낼 수 있기 때문이다.

하지만 억이나 조같이 매우 큰 수의 단위가 되면 그 수들이 얼마나 큰 수인지 쉽게 감을 잡기 어렵다. 그런 큰 수를 일상적으로 구체적인 대상을 통해 경험할 기회가 없기 때문이다.

수학천재들은 바로 이런 큰 수도 바로 느낄 정도로 양에 대한 느낌이 좋다. 그래서 매우 큰 수라도 그것을 직관적인 느낌을 사용하여 컴퓨터보다 빠른 속도로 계산할 수 있는 것이다.

우리가 미적분을 배울 때도 마찬가지다. 서둘러서 미분, 적분의 용어나 기호만을 익힌다고 되는 것이 아니다. 미분을 느낌만으로 먼저 느낄 수 있어야 한다. 그렇게 느낌을 바탕으로 출발할 수 없다면 미분의 공부는 처음부터 실패하는 것이다.

학교나 학원에서 미분, 적분을 배운 학생들에게 미분이 무엇인지 물어보면 쉽게 대답하지 못한다. 그것은 단지 디 엑스(dx) 분에 디 와이(dy)는 하고 미분기호를 쓰고, 조작하는 방법만 따라서 흉내 내 보았기 때문이다.

대부분의 학생들은 dx가 무엇인지 분명하게 알지 못한다. x는 알지만 dx는 쉽게 알 수가 없다. 의미도 모르는 미분의 기호를 사용하는 것은 쉽지 않다. 복잡한 버튼과 손잡이 레버가 잔뜩 있는 비행기를 조종하는 것처럼 겁이 나고 어렵기 때문이다.

처음 미분을 발견한 뉴턴도 아마 미분의 느낌을 잘 알고 있었을 것이다. 앞에서 미분이란 변화의 순간을 파악한다고 말했다. 앞에서 달리고 있는 말의 순간의 모습을 포착하는 것이 바로 미분이라고 설명하기도 했다.

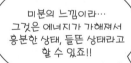

비록 사진에 포착된 말의 사진은 정지한 모습이지만 실제로 그 말은 연속적으로 움직이고 있는 상태에 있었다. 즉 미분이란 그렇게 계속 움직이고 있는 상태의 한순간인 셈이다. 따라서 미분은 정지한 것과는 분명 다르다.

자동차로 예를 들어 설명한다면 조용히 주차해 있는 차는 그 주차된 위치를 x로 표현하면 충분할 것이다. 그럼 우리는 그 x값을 참고로 해서 주차된 위치를 찾아갈 수 있을 것이다.

〈 x와 dx의 차이점 〉

반면 시동이 걸려서 언제라도 출발할 것만 같은 자동차를 단순히 주차된 위치 x만으로 표현하는 것은 뭔가 부족하다는 느낌이 들 것이다. 그래서 이런 경우를 dx로 표현하자고 한 것이다.

즉 x는 조용히 정지해 있는 존재만을 뜻하지만, dx는 조용히 정지한 존재가 아니고, 에너지가 가해져서 흔들리는 상태, 흥분한 상태이다.

이렇게 단순히 점의 위치를 나타내는 x와 미분인 dx의 차이점을 그림을 통해 느낄 수 있다면, 우리는 미분을 결코 잊어먹지도 않을 것이고, 쉽게 활용할 수도 있을 것이다.

: 곡선의 접선

미분을 기하학적으로 표현한다면 곡선의 접선을 구하는 것이 된다. 우리는 앞에서 함수를 곡선으로 표현하는 것을 배웠다. 변화의 모습을 곡선으로 표현하면 변화의 전체적인 모습을 쉽게 알 수 있기 때문이다.

미분이 변화의 순간이듯이 곡선의 접선을 그리는 것은 곡선이 그 순간에 향하고 있는 방향을 찾아낸다는 것을 의미한다. 앞에서 라이프니츠가 곡선의 접선을 함수라고 명명한 것도 사실은 변화의 순간에 그 변화의 방향을 알고 싶었던 것이다.

곡선이란 순간 순간 굽어지는 방향이나 정도가 달라지며 굽어지는 선이다. 그래서 곡선을 조사한다는 것은 곡선상의 한점에서 접선을 구하는 것과 같다.

곡선의 접선방향을 이용한 것으로 유명한 이야기는 어린 다윗이 물매를 돌리며 돌을 던져 거인 골리앗을 쓰러뜨린 이야기다. 즉 그림에서 보듯이 돌을 끈에 매달아 돌리면 늘 돌이 날아가는 방향은 바로 원의 접선방향이 된다.

그래서 회전하는 돌의 접선방향이 표적의 방향과 일치하는 순간 줄을 놓으면 돌은 그 방향으로 정확히 날아가게 되는 것이다. 이렇게 곡선의 접선을 구하는 것은 그 순간의 운동방향을 알아내는 좋은 방법이 되는 것이다.

　이제 우리는 미분의 의미를 어느 정도 파악했고, 그 느낌과 기하학적인 의미도 알게 되었다. 그렇다면 실제로 미분을 활용할 수도 있을 것이다.

　예를 들어 이동거리(위치)를 미분하면 속도를 구할 수 있고, 그 속도를 미분하면 가속도도 구할 수 있다. 그런데 왜 이동거리를 미분하면 속도가 되는 것일까?

　그것은 미분이 변화율을 의미하기 때문이다. 이렇게 미분이라는 개념에는 다양한 의미가 숨어있는 탓에 미분이 어렵게 느껴지기도 하는 것이다.

　예를 들어 시간이 흐르면서 움직인 이동거리가 그림처럼 증가했다면, 이 이동거리를 미분하면 속도 2가 얻어진다. 즉 시간의 흐름에 상관없이 속도는 늘 일정하게 2가 된다는 것이다. 속도란 이동거리의 변화율이었던 것이다. 일정 시간당 2의 이동을 하고 있는 것이기 때문이다.

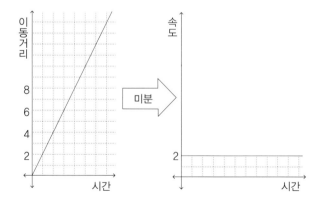

〈미분도 모르면서 사업하지 마라〉

1997년 IMF를 맞을 정도로 나라의 경제가 어려워지면서 퇴직금을 받으며 명예퇴직을 당한 사람들이 적지 않았다. 그들은 그 퇴직금으로 식당을 차린다든지 노래방을 차린다든지 하면서 조그만 사업을 시작하였다.

하지만 이렇게 사업을 시작한 사람들 대부분은 그 퇴직금을 다 까먹고 빚까지 지면서 결국에는 식당 문을 닫는 등 사업을 실패하고 정리한 사람들이 많았다. 왜 사람들은 사업에 성공하기 어려운 것일까?

사업을 하려면 사업가의 눈을 갖추어야 한다. 그것은 변화를 파악하는 눈이다. 자신이 팔고자 하는 상품이 앞으로 잘팔릴 것인가 아닌가? 그 판매율을 계산할 수 있어야 한다.

판매율이 오르는 상품이라면 당연히 그 상품을 구매해서 장사하면 잘 팔릴 것이다. 하지만 이제 유행이 지나가고 판매율이 떨어지기 시작하는 상품이라면 손대지 않는 편이 좋을 것이다.

이렇게 사업을 하고자 하는 사람은 상품의 판매율의 변화에 대해 민감해야 한다. 이런 정보도 없이 사업에 나서는 사람은 나침반도 없이 위험한 바다로 배를 몰고 나서는 사람과 다를 바 없이 위험한 일이다.

변화에서 중요한 것은 변화율이다. 즉 변화가 어느 정도 빠르기로 일어날 것인가 하는 것이다. 변화율을 결정하는 것은 가해진 힘의 크기 즉 순간 가해진 에너지의 양이다.

즉 미분이란 순간 가해진 에너지의 크기가 얼마인가를 파악하는 눈이라고 말할 수 있는 것이다. 육안의 눈에는 보이지 않는 에너지의 크기를 볼 수 있는 심안이 미분이라는 눈이다.

이런 미분의 눈을 갖추지 못한 사람은 절대 사업을 해서는 안된다. 미분의 사고방식을 사업경영에 도입한 것은 18세기에 탄생한 경제학이다.

사업에서 미분은 상품 판매의 이익율을 의미할 수도 있다. 즉 참깨로 백번 구를 것이냐 호박으로 한번 구를 것인가 라고 말한다. 참깨라는 작은 이익을 얻는데 열심히 할 것이냐 호박이라는 큰 이익을 얻는데 집중할 것이냐 하는 판단이다.

참깨는 이익이 작은 만큼 쉽게 벌 수 있고, 호박은 이익이 큰 만큼 쉽게 벌기 힘들다. 참깨의 이익의 미분 값은 아주 작고 호박의 이익의 미분 값은 크다.

판매량과 상관없이 이익률이 일정한 상품도 있고 판매량에 따라 이익률이 점점 증가하는 상품도 있다. 이렇게 경제 현상에서는 미분의 개념이 늘 기본적으로 따라다닌다.

상품마다 이익률이 다르면 각각의 상품을 전담하는 부서를 만들어 각기 적합한 목표매상을 제시해야 합리적이고 효율적이다. 이러한 기본적인 사업의 마인드가 없으면서 무턱대고 열심히 일하자는 것은 비정한 사업의 세계에서는 통하지 않는다.

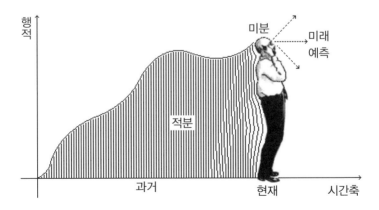

유능한 사업가는 미래를 내다볼 수 있어야 한다. 미분은 현재 위치에서 미래에 어느 방향으로 나아가야 하는지를 예측하기 위해 사용한다.

그리고 적분은 과거의 행적이 얼마나 쌓였는지 알아보기 위해 사용한다. 사업을 잘하고 싶다면 먼저 미적분이라는 수학공부부터 해야한다.

: 미분 계산법

앞에서 우리는 미분을 그림 등을 통해 직관적으로만 알아보았다. 이제는 수식으로 미분을 구하는 방법도 알아보자. 앞에서 나왔던 가장 간단한 1차함수의 예로 이동거리의 미분을 수식을 통해서 구해보자.

수학교과서나 참고서를 보면 다음과 같이 미분을 평균변화율로부터 구한다. 앞에서도 말한 것처럼 미분은 변화율이니까 말이다.

$$\text{평균변화율} = \frac{y\text{의 변화량}}{x\text{의 변화량}} = \frac{\triangle y}{\triangle x} = \frac{f(a + \triangle x) - f(a)}{\triangle x}$$

중학생 때 1차 함수의 기울기를 배웠다. 1차함수의 평균변화율 곧 미분이란 바로 이 기울기를 의미한다. 즉 1차함수를 미분하면 상수(기울기 값)가 되어버린다. 미분 기호로 프라임(')을 사용한다.

$$(2x)'=2$$

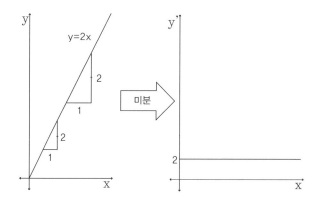

다음으로 2차함수의 y = x²을 미분 해보자. 즉 이동거리가 2차 함수적으로 증가한다고 해보자. 그럼 그것을 미분해서 얻은 속도는 어떻게 되는가?

속도도 순간 순간 계속 증가해야만 한다. 그래서 상수함수가 아닌 1차함수가 미분으로 얻어진다. 즉 2차함수는 평균변화율로만 구할 수 없다는 이야기다.

다음과 같이 미분계수라는 것을 구해야 한다. 미분계수는 평균변화율의 극한값이다. △x의 크기를 한없이 작게 해서 0에 가까워지도록 할 때의 평균변화율 값을 구하는 것이다.

$$\text{미분계수} : f'(a) = \lim_{\triangle x \to 0} \frac{f(a+\triangle x) - f(a)}{\triangle x}$$

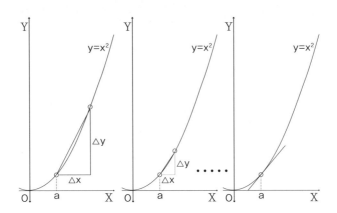

〈 평균변화율의 극한값인 미분계수(접선) 〉

$$f'(a) = \lim_{\triangle x \to 0} \frac{f(a + \triangle x) - f(a)}{\triangle x} = \lim_{\triangle x \to 0} \frac{(a + \triangle x)^2 - a^2}{\triangle x}$$

$$= \lim_{\triangle x \to 0} \frac{a^2 + 2a\triangle x + \triangle x^2 - a^2}{\triangle x}$$

$$= \lim_{\triangle x \to 0} \frac{2a\triangle x + \triangle x^2}{\triangle x} = \lim_{h \to 0} \frac{\triangle x(2a + \triangle x)}{\triangle x}$$

$$= \lim_{\triangle x \to 0} 2a + \triangle x = 2a$$

  2차함수의 그래프는 곡선이기 때문에 a의 값에 따라 그 접선의 기울기는 달라진다. 그리고 a값에 비례해서 접선의 기울기 값도 커지고 있다. 즉 1차함수가 되는 것이다. 이것으로부터 2차함수를 미분하면 1차함수가 된다는 것을 알 수 있다.

〈삼각함수의 미분〉

앞에서 보았듯이 삼각함수는 주기적으로 진동하는 주기함수이다. 주기함수인 삼각함수를 미분해보자. 이런 함수를 미분하면 그 결과는 어떻게 될까?

먼저 sin함수를 미분하면 cos함수가 된다. 이것은 직관적으로 sin함수의 그래프의 접선을 그어보면 쉽게 알 수 있다.

즉 sin함수의 원점에서 접선의 기울기는 1이다. 그리고 접선의 기울기는 점점 작아지다가 90°인 점에서 0이 된다. 그리고 계속해서 접선의 기울기를 구하면 이제 기울기는 음의 값으로 변한다.

그렇게 접선의 기울기의 값을 좌표평면에 표시해 가면 cos함수 그래프가 그려진다는 것을 알 수 있다.

$$sin'(x) = cos(x)$$

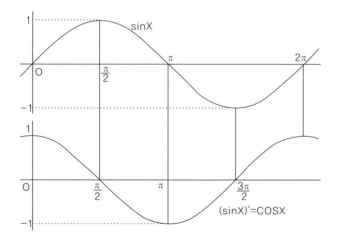

다음으로 cos함수를 미분해보자. cos함수 그래프의 원점에서 접선의 기울기는 0이다. 즉 미분하면 0이 된다는 것을 알 수 있다.

그리고 그 다음 오른쪽으로 가면서 접선을 그어보면 접선의 기울기는 음수가 된다. 따라서 cos함수를 미분하면 −sin함수가 되는 것이다.

$$cos'(x) = -sin(x)$$

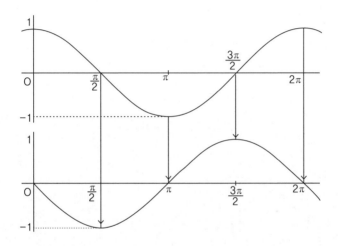

재미있는 것으로는 미분을 해도 변함이 없는 함수가 있다. 바로 지수함수(e^x)이다. 미분을 했다는 것은 그 곡선의 기울기의 함수를 구하는 것인데 여전히 똑같은 함수가 나온다는 것이다.

지수함수로 표현되는 변화는 그 변화율 즉 변화의 정도마저도 지수함수적으로 변하고 있다는 의미다. 변화 속의 변화라고나 할까! 변화의 프랙탈인 것이다.

16장

수학공부
잘하는 법

: 수학의 왕도

　수학의 왕도는 없다고 한다. 하지만 잘못된 방법으로 수학공부를 하는 사람이 있다면, 그런 사람에게는 수학공부를 잘하는 왕도가 있다고 말할 수 있다.

　이집트의 프톨레마이오스(Ptolemy I Soter, BC367-283) 왕은 지겹고 어려운 수학 공부를 하다가 스승인 수학자 유클리드(Euclid, BC 365-275)에게 왕인 내가 좀 더 쉽게 수학을 배울 수 있는 방법은 없는지 묻는다.

　이에 유클리드는 수학에는 왕도(王道)가 없다고 단호하게 답한다. 분명 유클리드처럼 수학을 올바르게 가르치고 배우고 있다면 특별히 왕자만이 쉽게 배울 수 있는 왕도 같은 것은 있을 수가 없다.

　하지만 대한민국은 유클리드와 정반대로 수학을 엉터리로 가르치고 있고 잘못 배우고 있다. 따라서 대한민국에서는 수학의 왕도는 존재하게 된다.

　지금까지 우리가 하고 있는 문제풀이 중심의 수학공부는 수학을 엉터리로 공부하는 방법이다. 문제풀이에 매달리지 말아야 한다. 즉 문제를 푸는 것에 만족하면 안된다. 반대로 문제를 스스로 발명할 줄 알아야 한다.

수학선생님들은 시험기간이 다가오면 교무실에서 수학문제를 출제하시느라 매우 고민들을 하신다. 어떤 문제를 내야 학생들에게 좋은 문제가 될까? 너무 쉽지도 어렵지도 않으면서 깊은 의미가 있는 문제를 만들어내고 싶기 때문이다.

청출어람이란 말이 있듯이 학생들은 선생님을 능가해야 한다. 선생님보다 더 문제를 잘 만들어낼 줄 알아야 한다. 문제를 만들어내는 능력이야말로 진짜 수학실력이다.

남이 만들어낸 문제를 잘 푸는 것도 좋지만, 남이 쉽게 풀 수 없는 문제를 만들어낼 수 있는 능력이야말로 진정한 수학의 실력자인 것이다.

이제 숙제로는 여기서 저기까지 문제 다 풀어오라고 할 것이 아니다. 그 누구도 만들어보지 못한 문제, 남들은 결코 풀지 못하는 너만이 풀 수 있는 문제 기발하고 재미있는 문제를 한번 만들어 와보라고 해보자. 그것이 진정으로 수학을 제대로 공부하는 좋은 방법이다. 또한 우리가 수학공부를 잘하기 위해서는 자신의 뇌도 잘 알아야 한다.

: 자신의 뇌를 알자

무의미하고 딱딱한 수학기호는 잘 외워지지 않는다. 반면 맛있는 과자나 빵을 파는 가게는 쉽게 기억된다. 그리고 예쁜 여학생이 사는 집도 아주 선명하게 기억된다.

우리 두뇌의 해부학적 생리학적 작동방식은 그렇게 작동하도록 만들어져 있다. 두뇌가 어떤 정보를 중요하다고 여기고 깊이 기억하는 데는 두뇌의 깊은 곳에 있는 편도체(Amygdala)나 해마(Hippocampus) 등의 활동을 필요로 한다.

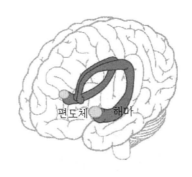

〈 뇌의 구조 〉

편도체라는 신경세포 조직은 우리에게 해로운 것과 이로운 것을 순식간에 판단하고 처리하는 기능을 가지고 있다. 즉 편도체는 우리의 생존이나 번식과 관련된 정보들이 들어올 때 활발하게 활동하며 대뇌를 자극한다.

편도체는 맹수를 보면 활발하게 활동하며 대뇌를 긴장시키고 집중력을 높여준다. 그리고 그런 정보를 해마를 통해 깊이 순식간에 기억시킨다. 그래야 또 맹수를 만나면 신속히 피하거나 대처할 수 있기 때문이다.

하지만 수학기호는 맹수처럼 위험한 것도 아니고, 예쁜 여학생이나 달콤한 과자처럼 편도체가 좋아하는 정보가 아니다. 편도체는 수학기호처럼 생존이나 번식에 직접 상관없다고 생각되는 정보는 무시해 버린다.

편도체가 무시하는 정보는 보통 우리 대뇌도 무시하게 된다. 그래서 우리가 수학 기호를 쉽게 기억할 수 없는 것이다. 따라서 수학기호를 잘 암기하고 수학을 잘하고 싶다면 편도체를 활성화서 도움을 받아야 한다.

즉 수학적 정보들이 우리 생존과 번영에 꼭 필요한 정보라고 느끼도록 편도체를 먼저 설득하는 일이 필요한 것이다. 사실 함수나 미적분 문제 등은 우리의 생존과 번영에 깊이 관련되어 있다.

오늘날 우리는 첨단 과학 장치들을 이용해 생존하고 번영하는 과학의 시대를 살고 있기 때문이다. 그런 장치들은 미분 적분의 공식들에 의해 만들어지고 작동한다. 미분적분을 모른다면 그런 첨단 장치들을 제대로 만들어낼 수 없고, 제대로 사용할 수도 없게 된다. 시대의 낙오자가 되는 것이다.

수학을 못하면 시대의 낙오자가 된다는 사실을 깊이 명심하면 편도체가 활성화 될 수 있다. 그렇게 편도체가 대뇌를 자극해서 수학 기호를 잘 기억하도록 집중력을 높여주는 것이다.

편도체가 활동하지 않는 학생들은 수학시간에 꾸벅 꾸벅 졸게 된다. 반면 학생들이 컴퓨터 게임이나 스마트폰 게임에 집중하고 쉽게 빠지는 것도 그 게임들이 편도체를 강하게 자극하기 때문이다.

게임에서 점수를 얻기 위해 위험한 것을 빨리 피해야한다고 자꾸 편도체를 자극하고 그렇게 자극받은 편도체는 대뇌가 게임에 집중하도록 만들기 때문이다. 수학학습과 컴퓨터 게임의 문제는 모두 편도체가 좌우하고 있는 셈이다.

물론 편도체를 불필요하게 너무 자극하면 불안공포증 등의 스트레스 증후군이 나타난다는 것도 조심해야 한다. 편도체를 훈련하는 것으로 인생의 성패가 좌우된다.

미국에서 위험한 작전에 투입되는 특수부대는 특별히 마련된 훈련소에서 편도체를 통제하고 조절하는 훈련을 받는다고 한다. 적진에서 위험한 작전을 수행하는 도중에 죽음의 공포로 인해 특수요원이 실수를 저지르면 안되기 때문이다. 여학생들이 남학생들보다 겁이 많은 것도 편도체에서 불안과 공포를 느끼는 부위가 더 크기 때문이다.

: 실감나는 수학

편도체를 자극하는 좋은 방법의 하나는 실감나는 것을 이용하는 것이다. 대부분의 수학적 개념이나 기호들은 잘 실감나지 않는다. 아니 실감할 수 없도록 불친절하고 지극히 형식적으로만 설명하고 있다.

실감나는 수학이 바로 수학공부의 왕도이다. 실감나는 수학은 너무나 쉽고 재미있다. 때문에 실감할 수 없게 만들어진 수학교과서나 참고서는 모두 없애버려야 한다.

실감할 수 없는 딱딱한 교과서적인 설명만 고집하는 수학선생이나 강사도 퇴출의 대상이다. 그들은 수학의 왕도를 외면하면서 억지로 수학이 어렵다는 미신을 심어줄 악의를 가진 것이 분명하기 때문이다.

아마 우리가 실감하기 힘든 것 중의 하나가 바로 고1때 배우는 복소수일 것이다. 그 동안 자연수부터 시작해서 분수, 정수, 유리수, 무리수를 배웠다.

새로운 수를 배울 때마다 모두 어렵고 힘들었지만, 어쨌든 이 수들은 나름대로 실감할 수 있는 수들이다. 실제로 존재하는 사물들의 크기를 표현하고 있는 수이기 때문이다.

하지만 허수($\sqrt{-1}$)라는 수는 뭔가? 도대체 수학적으로도 있을 수 없는 음의 제곱근이라니? 이름 자체도 거짓말 허(虛)자가 붙어있는 거짓 수이다.

허수를 처음 배운 학생들 대부분은 아무 것도 없는 것을 표현한 0이란 수, 그 0보다 더 작다는 음수를 만났을 때보다 더욱 당혹스러웠을 것이다.

인터넷 DC인사이드 게시판에 다음과 같이 왜 복소수를 배우는지 묻는 질문이 올라와 있다. 그렇다 고등학교 1학년 때, 복소수라는 새로운 수를 배운다. 하지만, 도대체 왜 이것을 배우는지 이유를 알 수가 없다는 것이다.

복소수라는 새로운 수를 배우고, 그 덧셈, 곱셈의 계산법을 익히면 그것으로 끝이기 때문이다. 수학이 재미없고 어려운 것은 수학적 개념들이 실감나지 않기 때문이다.

복소수는 원래 3차 방정식의 근의 공식을 구하면서 등장하게 되는 새로운 수이다. 하지만 우리 고등학교 1학년 때 나오는 복소수는 방정식과는 아무 상관없이 갑자기 등장한다.

수학 갤러리

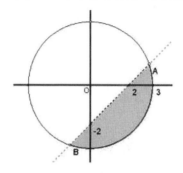

복소수 단원에서 빼곤 뭐 쓰는 일이 거의 없네요...
가끔 방정식에 나오고...
아니 뭐 대체 이러고 말거면 왜 배우나요...

즉 학년 초에 집합단원을 배우고 다음에 실수를 배우는 단원에서 실수의 확장된 수로서 복소수를 도입하고 있다. 그리고 복소수의 계산법만 배우고는 그대로 끝이다.

다시는 복소수에 대해 아무런 언급도 없이 1학년 과정을 마치게 된다. 도대체 우리는 가짜 수라는 허수와 실수와 허수의 합집합으로서 복소수를 왜 배웠던 것일까?

그것은 우리가 수학을 배우는 목적이 순전히 앞으로 공학을 배워야 하기 때문인 것이다. 복소수는 전자기학 등의 물리학, 공학 등에서 자주 사용하게 되는 수이다.

그래서 수학시간에 미리 복소수라는 새로운 수가 있고, 그 계산방법은 이러이러한 것이다. 그러니 알아두어라 하는 식으로 수학교육을 마치 시혜를 베푸는 것처럼 하고 있기 때문이다.

수학이 고작 공학을 위해 존재하는 학문이라니 이렇게 대한민국 수학교육은 수학을 공학의 하수인 정도로 취급하고 있는 것이다. 때문에 그 누구도 수학이란 학문의 위대함을 인정하거나 깊이 생각할 이유가 없게 된다.

: 현재를 표현하는 실수

수학이 공학을 위한 기초과학 정도라고 생각한다면 수학은 어렵고 재미없어진다. 수학은 어디까지나 인간을 위한 인문학이다. 이점을 명심하면 수학이 쉽고 재밌어진다.

복소수도 마찬가지다. 단지 공학에 사용하는 수이기 때문에 미리서 그 계산방법이나 알아두면 좋을 것이라는 식이라면 학생들은 복소수를 배우는 것에 흥미를 느낄 수가 없다.

인간이란 자신의 문제와 직결된 것이 아니라면 흥미를 느끼지 못한다. 인간의 수명이 수천년 수만년 되는 것도 아닌데, 자신과 상관없는 것에 매달려 열정과 시간을 낭비하고 싶지는 않기 때문이다.

그렇다면 복소수가 우리네 인생과 직접적으로 밀접하게 관련된 수라면 어떤가? 자신의 문제와 깊이 관련된 수라면 학생들은 진지하게 복소수에 대해 고민하고 공부할 것이다.

허수라는 수는 말 그대로 전혀 실감할 수 없는 수이다. 가짜 수라고 하는 것을 어떻게 실감할 수 있겠는가? 그렇다 꿈보다 해몽이라고 허수를 허수라고만 설명해버리면 학생들은 허수를 실감할 수 없다. 그래서 자신이 꼭 알아두어야 할 개념으로 받아들이지 못한다.

앞에서도 말했지만 수란 존재를 양적으로 표현하는 것이다. 실수도 마찬가지다. 그런데 존재라는 것은 현재 실재하는 것을 말한다.

예를 들어 사람을 수학으로 표현한다고 해보자. 한사람의 인간을 물질적 수치적으로 표현한다면, 물이 50리터에 단백질과 지방이 약 17.7kg, 미네랄 2.4kg이다.

이것을 미국의 한 대학교수가 계산해 보았더니 천원도 안된다고 한다. 과연 인간을 물질적 존재로만 그 가치를 따진다는 것은 이렇게 가치가 보잘 것 없는 것이다. 즉 실수만 가지고는 인간의 진정한 가치를 표현하는데 부족하다고 말할 수 있다.

인간의 가치는 그 물질적 현재적 존재에 있는 것이 아니다. 바로 미래의 가능성에서 우리는 인간의 참다운 가치를 발견할 수 있는 것이다.

우리가 주식투자를 하는 것도 그 주식의 현재가치만 보고 투자하는 것은 아니다. 미래에 그 주식이 큰 값으로

물 61%
50리터

단백질 17%

지방 15%

무기질 5%
당질 2%

〈 인간은 실수만으로 표현할 수 없는 존재다 〉

오를 것이라는 가능성을 보고 주식투자를 하는 것처럼 말이다.

이 인간의 미래가치를 그 가능성을 수학적으로 표현하고자 한다면 수학적으로 계산해 내보고 싶다면 어떻게 해야할까? 바로 허수라는 가상의 수 가능성의 수가 필요한 것이다.

: 미래까지 표현하는 복소수

바위처럼 오랜 시간이 지나도 변함이 없는 것은 존재의 수 실수만으로 표현해도 충분하다. 하지만 계속 성장하고 뭔가 가능성을 발휘할 수 있는 젊은 청춘들을 바위처럼 존재의 수, 실수만으로 표현한다면 적당하지 않을 것이다.

예를 들어 흔히 드라마에서 나오는 장면으로 한 아름다운 아가씨가 두 남자와 3각 관계에 있다. 한 남자는 억만장자의 재벌 2세이지만 마마보이에 찌질남이다.

그리고 또 한 남자는 고아출신으로 가난하지만 야망을 가진 듬직하고 진정한 사랑이 무엇인지 잘 아는 남성이다. 그 아름다운 아가씨는 과연 어떤 남자를 선택해야할까? 고민이 깊어진다. 이 고민을 다음과 같이 복소수를 이용해서 해결해보자.

$$복소수 \ z = a + bi \ 로 \ 표현한다.$$
$$\uparrow \qquad \uparrow$$
$$(실수부) \ (허수부)$$

복소수의 실수부는 실수의 의미가 그렇듯이 현재의 가치를 나타내는 수라고 해석할 수 있다. 그럼 허수부는 아직은 존재하지 않는 가상의 미래가치를 나타내는 수라고 해석해도 될 것이다. 즉 드라마 속의 두 남자를 복소수로 표현한다면 다음과 같다.

$$재벌2세 = 현재가치+미래가치=100억+10\,i$$
$$고아 출신남 = 현재가치+미래가치=10원 +1000억\,i$$

대부분의 보통 사람이라면 현재가치만 보고 판단해 버린다. 하지만 지혜로운 사람이라면 현재가치보다는 미래가치를 보고 판단한다.

이렇게 우리는 이제 어떤 사물이나 사람을 대할 때, 그것의 현재가치만이 아니고 미래가치도 있다는 것을 알려주는 것이 바로 복소수라는 재미있는 수이다.

예를 들어 몇십년 전에 전곡리에서 한 미군병사는 강가에서 누가 보아도 지극히 평범하게 보이는 돌맹이하나를 들어보았다. 그것의 당시의 가치는 그저 돌맹이에 불과했다.

하지만 그 미군 병사는 그 돌을 자세히 살펴보다가 그것이 구석기시대의 석기가 아닐까하는 수만전 전의 과거의 가치와 앞으로 그것이 가져올 미래의 가치를 퍼뜩 깨달았다.

그렇게 그 평범했던 강가의 돌맹이 하나는 오늘날 전곡리의 구석기 박물관에 전시되는 귀중한 유산으로 변신한 것이다. 이렇게 복소수라는 새로운 수를 알게 된 사람은 이제 작은 현재가치에만 만족하지 않고 과거와 미래의 가치도 내다보면서 보다 풍요로운 삶을 설계할 수 있게 된다.

이제 우리도 일상생활에서 부닥치는 모든 사물, 사람 사건들에서 현재가치와 미래가치를 찾아보고 따져보자. 그래서 그것을 복소수로 표현도 해보자.

실제로 무전기나 핸드폰 등의 전자회로를 설계할 때도 복소수를 사용하게 된다. 이유는 실제로 구리선을 흐르는 전류의 크기는 실수로 표현하고 계산할 수 있다. 하지만 눈에 보이지도 않고 측정도 안되는 전파의 영향까지 고려해야할 때는 복소수가 필요하기 때문이다.

이렇게 복소수가 현재와 미래, 보이는 것과 보이지 않는 것들을 동시에 표현하는 아주 강력한 수라는 것을 실감한다면 편도체가 자극을 받고 우리는 복소수를 더 친근하고 쉽게 받아들일 수 있게 될 것이다.

허수는 나이든 늙은 사람들 보다 젊은이들이 더 좋아할 수이다. 젊음이란 바로 가능성 그 자체이다. 그 가능성을 표현해 주는 수이니 젊은이들이 더 좋아하는 것은 당연한 일이다.

어째든 고1 수학에서 복소수를 꼭 소개하고 싶다면, 다음과 같이 4원수, 8원수까지 소개하는 것도 좋다. 그래야 학생들이 수의 개념이 어떻게 확장되고, 수의 본질이 무엇인지 진지하게 생각하는 기회를 줄 것이기 때문이다.

〈4원수〉

1843년 아일랜드 수학자 해밀턴(William Rowan Hamilton, 1805-1865)이 4원수를 발견했다. 이미 1819년에 가우스(Carolus Fridericus Gauss, 1777-1855)가 4원수를 발견했지만, 그것을 공표하지 않았고, 가우스가 죽은 뒤로 그의 논문이 발견된 것은 1900년이었다.

4원수는 다음과 같이 하나의 실수(스칼라)와 3차원 허수(벡터)의 합으로 표현되고 곱셈규칙은 다음과 같다.

$$q=a+bi+cj+dk$$

$$ij=k,\ jk=i,\ ki=j,\ ji=-k,\ kj=-i,\ ik=-j,\ i=j=k=ijk=-1$$

예전에는 3차원 공간에서 운동하는 비행기를 조종하는데 3틀(frame) 자이로스코프(gyroscope)를 이용했다. 하지만 간혹 2개이상의 틀이 중복을 일으키면 비행기 자세에 대한 정보를 알 수 없게 되는 문제가 발생한다. 그래서 이런 문제가 생기지 않는 4원수를 이용하는 방법이 개발되었다.

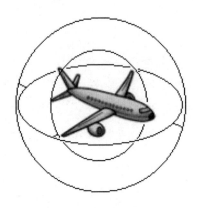

〈 3축의 자유도를 가진 비행기의 제어 〉

오늘날 4원수는 3차원 공간의 역학, 3D 컴퓨터 그래픽, 로보트 팔의 3차원 회전 계산, 우주선의 자세 제어 등에 활용된다. 제자 테이트(Peter Guthrie

Tait, 1831-1901)가 4원수 교육과 대중화에 힘썼다.

〈8원수〉

1843년 아일랜드 수학자 그레이브스(John Thomas Graves, 1806-1870)는 해밀턴의 4원수에 자극 받아 8원수(octaves)를 만든다.

영국의 수학자 케일리(Arthur Cayley, 1821-1895)도 독립적으로 8원수를 발견했다. 8원수는 실수 8개를 한 조로 하는 다음과 같은 수이다.

$$x = a + bi + cj + dk + el + fm + gn + ho$$

8원수

×	1	i	j	k	l	m	n	o
1	1	i	j	k	l	m	n	o
i	i	-1	k	$-j$	m	$-l$	$-o$	n
j	j	$-k$	-1	i	n	o	$-l$	$-m$
k	k	j	$-i$	-1	o	$-n$	m	$-l$
l	l	$-m$	$-n$	$-o$	-1	i	j	k
m	m	l	$-o$	n	$-i$	-1	$-k$	j
n	n	o	l	$-m$	$-j$	k	-1	$-i$
o	o	$-n$	m	l	$-k$	$-j$	i	-1

8원수는 곱셈의 결합법칙도 성립하지 않는다. a(bc) ≠ (ab)c 8원수는 초끈 이론, 특수상대성이론, 양자역학 등의 분야에 활용된다.

17장

한국의
수학교육

: 수학 장사꾼들

전 세계인이 감동적으로 보았던 대장금(大長今)이라는 드라마를 보면, 서장금이 정상궁 마마님과 한상궁 마마님께선 사람의 입으로 들어가는 음식으로 권세와 부에 이용하는 사람들을 용서치 않으셨다고 말한다.

그렇다 무언가를 이용해서 권세와 부를 탐해서는 안 된다. 수학도 마찬가지다. 엉터리 수학을 팔아 돈벌이나 하려고 해서는 안 된다. 하지만 대한민국에는 수학을 이용해 돈벌이를 하는 사람들이 너무도 많다.

대한민국에는 수학 장사꾼들이 상당히 많다. 그것도 엉터리 수학을 가르치면서 고액의 돈벌이를 하고 있다. 수학 장사꾼들이 이렇게 판칠 수 있는 것은 수학에 대한 미신이 광범위하게 퍼져있기 때문이다.

한국사회에서는 수학은 매우 어려운 학문이라는 미신이 널리 굳게 자리 잡고 있다. 수학은 아주 머리 좋은 사람들이나 할 수 있는 것으로 여기고 있다.

그런데 그 수학은 학교의 주요 교과목의 하나이고, 대학입시를 비롯해 관공서나 회사의 입사시험 과목이기도 하다. 때문에 수학공부를 열심히 하지 않을 수가 없다. 하지만 한국의 수학교과서는 엉터리로 만들어져 있고, 학생들은 수학을 제대로 배우지 못해 쩔쩔맨다.

> 음식으로 권세와 부를 이용하면안되는 것처럼… 수학을 이용해 권력과 부를 탐해서는 안됩니다.

그래서 수학 참고서, 문제집을 만들어 파는 출판사들이 번창하고 있다. 정석이라는 참고서를 팔아 재벌의 반열에 오른 사람도 있을 지경이다.

서울 강남의 학원가 등에서는 고액의 과외선생이나 인기 학원강사들이 나타나 돈을 긁어모을 수 있는 것도 수학에 대한 잘못된 미신 때문이다. 이렇게 수학 장사꾼들이 사교육비를 치솟게 만들고 있다.

그래서 서민들만이 아니고 전국적으로 아이들 교육비 때문에 출산율이 떨어지는 등의 고통을 받고 있음에도 불구하고 정부에서는 거의 손을 놓고 구경만 하고 있다.

하긴 수학이 어렵다는 미신을 애당초 만들어낸 곳이 바로 정부요 우리의 교육당국이다. 엉터리 수학교과서를 만들어 놓고, 수학선생님들이 불친절하게 수학을 교육해도 방관해 왔다.

그러니 학부모들은 과외나 학원을 보내지 않을 수가 없는 상황인 것이다. 조금 더 수학교과서를 쉽고 친절하게 만들었다면 그렇게나 많은 수학 포기자들이 나오지는 않았을 것이다. 그리고 사교육비 폭등도 없었을 것이다.

이제 와서 수학교육 선진화 방안이라며 스토리텔링 교과서를 만든다고 하지만, 수학에 대한 기본적인 태도와 정신이 잘못된 교육당국이 얼마나 바람직한 교과서를 내놓을지 궁금하다.

수학교육이 권력과 부를 탐하는데 이용당해서는 안된다. 우리 교육의 역사는 조선조부터 교육이 권력과 결탁한 유구한 전통을 가지고 있다. 그리고 이는 근대적인 수학교육에서도 달라지지 않았다.

〈일타 강사〉

서울 강남에서 1년에 40억 이상을 벌어들인다고 스스로 자랑하는 인기 수학강사가 있다. ○○○라는 별명으로 유명한 강사가 바로 그다.

그래서 그의 인기비결을 알고 싶어서 그의 강의를 찾아보게 되었다. ○○○등의 학원 홈페이지에서 일명 ○○○ 수학 강사의 동영상 강좌를 보았다.

그런데 거기서 미분을 배우는 목적이 함수의 그래프를 그리기 위한 것이라고 당당하게 설명하고 있었다. 참으로 어안이 벙벙한 설명이었다.

대한민국에서 최고라고 자랑하는 수학강사가 미분을 배우는 목적이 고작 함수의 그래프를 그리기 위해서라니!! 나는 너무 놀라서 다시 확인하고 또 확인해 보았다.

고교시절을 잠깐 돌이켜보니 고교시절의 수학선생님도 미분을 배우면 쉽게 함수의 그래프를 그릴 수 있다고 설명해 주셨던 기억이 어렴풋하게 난다.

이런 식으로 아마도 '미분 = 함수 그래프' 라는 공식이 생겨났는지도 모르겠다. 하지만 분명한 것은 미분법을 개발해낸 뉴턴이나 라이프니츠가 고작 함수의 그래프나 그리자고 그 어려운 미분 개념을 개발한 것은 아니다.

자신이 잘 알지도 못하면서 엉터리로 수학을 가르치고 수십억원을 쉽게 벌 수 있는 나라가 바로 대한민국이다. 교육이 돈과 권력 따위와 결탁한 결과인 것이다.

실력은 없으면서 단순한 인기만으로 수십억을 벌어들이고 있는데도 한국의 교육계나 수학선생들 교수들은 침묵을 지킬 뿐이다. 아니 오히려 ○○○를 부러워하면서 나도 ○○○ 들고 강남학원가로 가볼까 상상하기도 한다.

언제까지 무자격자가 이렇게 학생들과 학부모들 등골을 뽑아먹도록 방치할 셈인가? 병원에서는 돌팔이 의사들이 환자의 건강과 생명을 망칠 수 없도록 강력한 의료법으로 환자들을 보호하고 있다.

마찬가지로 수학교육에 있어서도 강력한 자격심사를 갖추도록 해야 할 것이다. 아무나 적당히 무조건 학생들 성적만 올려주면 된다는 식으로 수학강사 자리를 맡을 수 없게 해야한다.

마약을 파는 돌팔이 의사가 환자에게 지금 당장 통증에서 해방되도록 마약을 계속 처방하는 것과 다를 바가 전혀 없기 때문이다. 나는 그렇게 일타 강사로부터 수학강의를 들었던 학생들이 정말 수학을 제대로 알게 되었다는 이야기를 들어본 적이 없다.

그 학생들이 서울대에 들어가 수학에 대한 기초학력이 너무 저조해서 대학에서 다시 수학을 가르쳐야 할 판이라는 뉴스는 접한 적이 있다.

: 교육제도와 권력

대한민국의 교육제도의 변화는 권력의 부침과 밀접하게 관련되어 있다. 예를 들어 박지만 때문에 대한민국의 교육제도가 크게 달라졌다는 것을 알만 한 사람들은 다 안다.

박지만은 무척 공부를 못한 모양이다. 대개 그렇듯이 외아들이자 권력자의 아들은 어리광을 주변 사람들이 다 받아주기 때문에 무척 버릇이 없고, 재미없는 공부도 하려고 하지 않는다.

박지만이 7살 되던 해인 1965년에 신당동 자택에서 가까운 서울사대부속 국민학교에 입학했다. 그리고 6학년 초에 청운 국민학교로 전학을 간다.

그런데 이미 1968년 7월 15일에 권오병(權五柄, 1918-1975) 문교부 장관은 어린이에게 과한 과외공부 등으로 체력저하, 기억력 감쇠, 신경쇠약 등을 가져다주는 것을 방지하기 위해 중학입시제도를 폐지한다고 발표했다.

1969년 2월 5일 서울 시내 중학교 입학지원자에 대한 학군별 추첨을 실시한다. 박지만군도 추첨을 통해 중구 만리동 언덕 꼭대기에 있는 배문 중학교에 입학한다.

다시 박지만이 고등학교에 입학할 1974년이 되기 전인 1973년 2월 28일 민관식(閔寬植, 1918-2006) 문교부장관은 평준화를 골자로 한 고교입시제도 개선방안을 발표하는 우연의 일치가 다시 한번 발생한다.

〈 권오병 〉

〈 민관식 〉

그렇게 해서 박지만은 종로구 계동 1번지에 위치한 명문사립 중앙고등학교에 입학한다. 그리고 3년 뒤인 1977년 1월 30일 박지만은 육군사관학교에 특차로 입교한다.

이렇게 박지만의 진학시기를 1, 2년 앞서 교육제도가 바뀌자 사람들은 공부 못하는 박지만을 명문학교에 입학시키기 위해 교육제도까지 뜯어고친다고 생각하는 사람들이 적지 않게 나타나기 시작한다.

실제로 박지만의 명문학교 진학을 위해 문교부 장관들이 이렇게 교육제도를 마구잡이로 바꾸었는지는 앞으로 더욱 자세히 조사하고 연구해야할 한국 교육사의 숙제이다.

어째든 한국의 교육이 오늘날처럼 엉망이 되어버린 것은 중 고등학교 입시제도를 중학 무시험입학제도와 고교평준화라는 엉터리로 바꾸어 버린 데 분명 그 책임이 있다고 할 것이다.

민주주의의 원리 중의 하나는 사법, 입법, 행정부의 3권 분립이라고 한다. 하지만 진정한 민주주의의 원리는 언론과 교육이라는 것도 권력과 독립해서 독자적으로 운영되어야 한다는 것을 대한민국의 교육제도 변천사가 증언하고 있다.

이제 우리는 수학교육의 개혁을 통해서 올바른 민주주의 정착이라는 위업을 이룩할 수 있다는 것을 알아야한다. 대한민국의 수학교육이야말로 독재자들이 민중을 우민화하는 가장 쉬우면서 강력한 수단으로 작용하고 있기 때문이다. 그래서 우리는 진정한 수학교육에 대해 고민해야한다.

: 교육은 경쟁이 아니다

교육자체는 경쟁이 아니다. 교육은 깨달음의 즐거움이다. 가르치는 사람과 배우는 사람 모두 즐겁고 행복한 깨달음을 얻는 것이 교육이다.

하지만 한국사회에서 교육은 경쟁으로 변질되어 있다. 교육을 통해 부와 권력을 얻을 수 있기 때문이다. 부와 권력이 교육에 간섭하여 교육을 경쟁으로 바꾸고 왜곡시켜 놓았던 것이다.

그래서 전교 1등을 하던 학생이 그 스트레스를 더 이상 견디지 못하고 자살하도록 하는 비극을 만들어내고 있다. 그래서 학생들이 항의의 목소리를 내기 시작했다.

하지만 어른들은 여전히 그들의 외침에 전혀 귀 기울이지 않는다.

〈 고등학교를 자퇴하고 시위하는 최훈민군 〉

모른 척 외면할 뿐이다. 그 어른들도 어차피 그 경쟁 속의 노예들로 훈련받아 왔고 결국 노예로 살아가고 있기 때문이다.

우리 교육은 경쟁의 노예를 만드는 것을 목표로 하고 있다. 정해진 교과서의 지식을 누가 누가 잘 암기하여 높은 시험성적을 낼 수 있는가라는 경쟁이다.

우물안 개구리들이 너가 더 잘났나 내가 더 잘났나 경쟁하는 것처럼 좁은 사회에 갇힌 사람들은 그 속에서 살아남기 위해 상대방을 경쟁자로 인식하게 된다.

조선조 500년간 누가 장원급제를 하나, 누가 더 높은 벼슬자리에 오를 수 있나로 경쟁했다. 독재적 권력자인 임금은 그 자리를 대대로 지켜내기 위해 신하들을 그렇게 경쟁시키며 서로 아귀다툼을 하도록 조정한 것이다.

오늘날은 수학교육이 부와 권력을 차지하기 위한 경쟁이 되다보니 수학교육용 상품들이 마구 대량으로 생산되어 소비자들에게 공급되고 있다.

뭐든지 그렇듯이 대중의 입맛에 맞추어 돈을 벌기 위해 대량생산되는 상품은 결코 좋은 상품이 아니다. 겉만 화려하고 소비자를 현혹하는 엉터리 상품들뿐이다.

그리고 그 엉터리 상품들 겉만 핥는 것이 우리 수학교육의 참담한 모습이다. 경쟁이 엉터리 상품을 양산하고 엉터리 상품으로 엉터리 교육을 하는 악순환을 반복하는 것이다.

하지만 이제 대한민국은 OECD 회원국이고 전세계를 상대로 경쟁해야 하는 시대를 살아가고 있다. 이제까지 선진국 기술이나 모방하며 살아던 대한민국이 이제는 창조적으로 새로운 것을 만들어내야 하는 위치에 오른 것이다.

그렇게 앞자리에 서게 되면 새로운 사실을 깨닫는다. 인간 자신은 사실은 무척 어리석고 무능하다는 것을 절감하는 것이다. 그때서야 비로서 인간은 서로 돕고 협력해야 하는 동반자라는 것을 인식하는 것이다.

그래서 선진국의 교육은 다른 사람들과 협력할 줄 아는 인재를 가장 유능한 인재로 본다. 아마 한국인들이 전세계에서 가장 협력할 줄 모르는 사람들일 것이다.

대한민국 교육이 우물안 개구리처럼 좁은 우물 안의 대한민국에서 살아남는 방법으로 경쟁을 부추긴 때문이다. 진정한 교육은 경쟁이 아니라 협력이다.

경쟁의 수학은 엉터리 수학을 그것도 수박 겉핥기로 하게 된다. 하지만 진짜 세계적인 문제를 앞에 두고 고민하는 사람들은 협력의 수학으로 수학의 진정한 맛을 필요로 한다.

: 수학 겉핥기

한국사회에서 수학은 하나의 상품이다. 바로 수학 장사꾼들이 수학을 상품화해서 팔면서 막대한 이득을 챙기고, 서민들에게는 엄청난 사교육비를 가중시키고 있다.

그렇게 수학을 이용해서 부와 권력을 탐하고 기득권층과 굳게 결탁하고 있는 것이 오늘날 한국 사회의 모습이다. 그렇다면 그들은 과연 좋은 수학 상품을 팔고 있을까?

결코 그럴 수가 없다. 잘 만들어진 좋은 상품으로 수학이 쉽고 재미있다는 사실이 알려져 버리면, 더 이상 수학을 상품화해서 팔아먹을 수는 없기 때문이다.

그래서 수학 장사꾼들은 의도적으로 수학이 매우 난해해 지도록 꾸민다. 즉 개념 설명은 의도적으로 애매 모호하게 표현한다. 그리고 매우 어려운 난문들을 자랑하듯이 싣는다.

그렇게 하면서 학생들은 계속 수학의 겉만 핥도록 하는 것이다. 그러면 학생들은 자연스럽게 수학은 어렵고 재미없는 과목이라고 생각하게 되고, 수학하면 지긋지긋하다며 수학에 대해 치를 떨고 무서워하기도 한다.

그렇게 수학 포기자들을 양산해 놓고 이제 마치 자신들이 구세주라도 되는 양 떠들며 자신들의 수학 상품을 광고하고 선전해댄다. 좋은 명문 대학, 좋은 직장을 구하려면 하는 수 없이 그런 상품들을 구매할 수밖에 없기 때문이다.

그렇다고 정말 수학에 대한 고민이 모두 해결될까? 아니다. 그 상품

〈 수박 아니 수학 겉핥기 〉

들은 마치 마약과 같아서 강의를 듣고 있는 순간은 자신도 정말 수학을 잘 아는 것처럼 생각되고, 저 선생님처럼 문제를 술술 풀 수 있다는 착각에 빠진다.

그리고 정말 시험을 보면 점수도 올라간다. 하지만 마약이 그렇듯이 약기운이 떨어지면 다시 더 수학이 혼란스러워지고 불안감만 밀려오는 것이다. 그래서 불안한 마음을 달래기 위해 다시 그 마약을 주입하러가야 한다.

수학 겉핥기를 하는 한 엉터리 수학 상품에 중독 되어가는 것을 막을 수는 없다. 그 수학 상품은 결코 자신의 수학실력을 진실로 향상시켜 주지는 않기 때문이다.

: 수학기호 깨트리기

수박 겉만 핥는다면 맨숭맨숭한 껍질의 맛밖에는 느낄 수 없다. 수박을 쪼개서 그 시원하고 달콤한 속살의 맛을 봐야 진짜 수박의 맛을 알 수 있다.

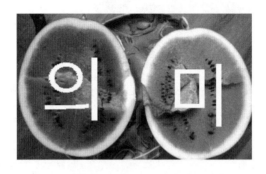

〈 수학 기호 속에 숨겨진 의미를 맛보자!! 〉

마찬가지로 우리가 진정한 수학의 맛을 보려면 수학의 기호를 깨트려서 진정한 수학의 맛(의미)을 봐야한다. 지금까지의 수학공부는 수학의 기호라는 겉만 핥는 교육에 불과한 것이었다. 그래서는 점점 수학공포증, 수학 혐오증만 심어줄 뿐이다.

수박이야 칼로 간단하게 쪼개서 그 속살 맛을 쉽게 볼 수 있다. 하지만, 수학은 어떻게 그 참 맛을 볼 수 있을까? 단단한 수박껍질처럼 난해한 수학기호가 수학의 참 맛을 볼 수 없게 막고 있다.

그래서 우리는 수학의 기호를 깨트려야 한다. 그럼 수학의 기호를 어떻게 깨트려야 할까? 수학의 기호를 깨트리려면 일단 수학기호에 현혹당하지 말아야 한다.

수학이 어려운 첫 번째 이유는 낯선 수학기호다. 특히 우리나라 학생들에게는 낯선 서양의 문자로 된 수학기호들은 더욱 난해하게만 다가온다.

수학기호는 아무리 위대한 학자라도 주눅들게 한다. 18세기 후반 러시아의 여제 에카테리나 2세(Ekaterina II, 1729-1796)는 러시아를 선진 유럽 국가들처럼 강력한 나라로 만들고 싶어서 유럽의 과학자나 철학자들을 러시아로 초청하여 그들의 학문과 사상을 받아들이는데 힘쓰고 있었다.

초빙된 학자들 중에는 프랑스의 철학자 디드로(Denis Diderot, 1713-1784)도 있었다. 그는 저 유명한 백과사전을 편집했으며, 유물론을 주장하던 급진적인 사상가이기도 하다.

그는 잘생긴 용모와 우아한 몸짓, 멋진 말솜씨, 해박한 지식과 논리 정연한 판단력으로 러시아 궁중에 출입하는 귀부인들의 마음을 사로잡고 있었다.

이대로 가면 많은 사람들이 그의 위험한 유물론 사상에 물들고 말 것

〈 예카테리나 2세 〉

〈 디드로 〉

이라는 걱정이 에카테리나 여왕에게 생겨났다. 그래서 여왕은 그가 총애하는 당대의 대수학자 오일러(Leonhard Euler, 1707-1783)에게 디드로의 코를 납작하게 눌러주라고 부탁했다.

어느 날 여왕은 디드로의 무신론에 도전해서 신이 존재한다는 것을 증명할 수 있다는 수학자와 공개 토론을 할 것을 귀족들과 디드로에게 제안했다. 오일러는 디드로와 청중들 앞에 나아가서 단호하게 칠판에 다음과 같은 수식을 썼다.

$$\frac{a + b^n}{z} = x$$

그리고 이 수식에 의해 신은 존재하는 것이 확실하다고 주장한다. 이제 무신론자인 디드로가 오일러의 주장을 공격할 차례이다. 하지만 디드로는 저 수식의 의미를 알지 못했다.

대학자 체면에 저 수식을 모른다고 말할 수도 없고, 그저 꿀 먹은 벙어리가 된 모양으로 머뭇거릴 뿐이었다. 곧 이곳저곳에서 웅성거리는 소리가 들리기 시작하더니 자신을 조롱하는 듯한 웃음소리도 흘러나왔다.

디드로는 얼굴이 벌게 져서 그 자리를 도망치듯 뛰쳐나와 그 길로 프랑스로 돌아가 버렸다. 수학의 기호와 수식이 주는 공포는 이렇게 무섭다.

하지만 그때 그 자리에서 좀더 침착하게 오일러에서 저 수식에 쓰인 기호들의 의미를 물어보고 그 수식이 어떤 의미를 갖고 있는지 질문했다면 어땠을까? 오히려 오일러가 당황하게 되었을 것이다.

왜냐면 저 수식은 아무런 의미도 없기 때문이다, 그냥 오일러가 아무렇게나 만들어낸 것일 뿐이다. 그런데 디드로는 어떤 심오한 뜻이라도 담겨 있다고 짐작하고, 지레 겁을 먹은 것이다.

디드로의 이야기에서 보듯이 엉터리 수학기호에 현혹 당해서는 안된다. 이제 다음으로 수학기호는 수학 개념을 표현하는 하나의 문자에 불과하다는 점을 알아야 한다. 즉 수학의 참맛은 수학기호에 있는 것이 아니라 수학개념에 있는 것이다.

문자나 기호는 어디까지나 다른 사람에게 자기 머리 속에 들어있는 개념을 전달해 주기 위한 수단으로 만들어낸 것뿐이다. 때문에 기호에만 매달리지 말고 그 기호가 가리키는 개념에 대해 더 주목해야 한다.

그런데 우리는 이제까지 개념은 없고 기호만 있는 수학교육을 고집해 왔다는 것이다. 개념계산법은 알려주지 않고 기호계산법만 익히도록 했다는 것이다. 그럼 개념은 어떻게 얻을 수 있는가?

실감나면 쉽게 얻을 수 있다. 앞에서 이야기했듯이 실감나게 하면 편도체가 흥분하고 편도체는 대뇌에 개념의 형성을 도와준다. 실감나는 좋은 수학상품을 만들어 더 이상 수학포기자가 생기지 않도록 해야 할 것이다.

나아가 이제 수학으로 무장한 시민들이 기득권을 몰아내고 부패한 관료들을 몰아내고 새로운 정부, 새로운 세상을 만들어내야 할 것이다. 우리는 수학을 통해 혁명을 일으켜야 한다. 교육이 더 이상 권력과 부와 결탁하지 않는 세상을 말이다.